面向新工科普通高等教育系列教材

组态软件及应用技术
（基于组态王 KingView）

姜重然　姜修宇　王　倩　编著

张竞达　主审

机 械 工 业 出 版 社

"组态"的概念是伴随集散控制系统的出现才开始被广大生产过程自动化技术人员所熟知的，当前组态软件的应用领域已经拓展到了工业生产、科学研究等各个方面，对于自动化相关专业技术人员的知识更新与培训具有十分重要的作用。本书以北京亚控科技发展有限公司开发研制的组态软件"组态王 7.5"为基础（也有"组态王 6.53"），通过设计一个化学反应监控画面，阐述了组态王软件的基本理论与应用，并对工程管理器及组态王运行系统、组态王信息窗口及用户管理与系统安全、配方管理、冗余系统、组态王历史库、组态王与其他应用程序的动态数据交换、OPC 设备等内容做了介绍。最后结合"基于现场总线粮情管控一体化系统的研究与设计"和"组态王在电镀控制系统的应用"两个科研项目，详细讲述了基于现场总线粮情管控一体化系统和电镀控制系统的监控界面的设计过程。

　　本书配有电子教案、教学大纲及习题参考答案等资源，需要的读者可登录www.cmpedu.com免费注册，审核通过后下载使用，或联系编辑索取（微信：18515977506，电话：010-88379753）。本书可作为电气工程及其自动化、电子信息工程、机电一体化、计算机科学与技术等专业本专科生的教材和参考用书，也可供自动化相关工程技术人员阅读参考。

图书在版编目（CIP）数据

组态软件及应用技术：基于组态王 KingView / 姜重然，姜修宇，王倩编著． —北京：机械工业出版社，2024.7
面向新工科普通高等教育系列教材
ISBN 978-7-111-75910-2

Ⅰ．①组⋯　Ⅱ．①姜⋯ ②姜⋯ ③王⋯　Ⅲ．①工业监控系统-应用软件-高等学校-教材　Ⅳ．①TP277

中国国家版本馆 CIP 数据核字（2024）第 105932 号

机械工业出版社（北京市百万庄大街22号　邮政编码100037）
策划编辑：尚　晨　　　　　责任编辑：尚　晨　汤　枫
责任校对：潘　蕊　牟丽英　　责任印制：张　博
北京建宏印刷有限公司印刷
2024 年 7 月第 1 版第 1 次印刷
184mm×260mm · 14.75 印张 · 373 千字
标准书号：ISBN 978-7-111-75910-2
定价：69.00 元

电话服务　　　　　　　　　　网络服务
客服电话：010-88361066　　机 工 官 网：www.cmpbook.com
　　　　　010-88379833　　机 工 官 博：weibo.com/cmp1952
　　　　　010-68326294　　金 书 网：www.golden-book.com
封底无防伪标均为盗版　　　　机工教育服务网：www.cmpedu.com

前言

组态软件作为一种用户可定制功能的软件平台工具，是随着分布式控制系统"DCS"、PC 总线控制机和计算机控制技术的日趋成熟发展起来的。组态软件的应用领域已经拓展到了社会的各个方面，对于自动化相关专业技术人员的知识更新与再教育具有十分重要的作用和意义。作者从事组态软件的教学与开发设计工作已有 20 多年，本书是作者多年教学与科学研究工作成果的积累。

全书共 18 章，第 1 章为监控组态软件概述，讲述监控组态软件的历史背景及发展趋势；第 2～9 章通过一个化学反应监控车间的监控中心实例，讲述了如何进行组态王动画设计、报警和事件设计、趋势曲线设计、控件设计、报表系统设计、组态王与数据库连接、组态王的网络连接及 For Internet 应用；第 10 章讲述工程管理器及组态王运行系统；第 11 章讲述组态王信息窗口及用户管理与系统安全；第 12 章讲述配方管理；第 13 章讲述冗余系统；第 14 章讲述组态王历史库；第 15 章讲述组态王与其他应用程序的动态数据交换（DDE）；第 16 章讲述 OPC 设备；第 17 章结合"基于现场总线粮情管控一体化系统的研究与设计"科研项目，讲述基于现场总线粮情管控一体化系统的监控界面的设计过程；第 18 章结合"组态王在电镀控制系统的应用"工程项目，讲述电镀控制系统的监控界面的设计过程。

本书由泉州信息工程学院姜重然、哈尔滨电气集团佳木斯电机股份有限公司姜修宇、佳木斯市中心医院王倩共同编著。姜修宇负责编写第 2～6 章、第 10～13 章；王倩负责编写第 7～9 章、第 14～16 章；姜重然负责编写第 1 章、第 17 章和第 18 章，并负责全书统稿。佳木斯大学张竞达副教授担任本书主审。

本书在编写过程中参考了一些优秀论文和著作，在此对其作者表示诚挚的谢意。

由于作者水平有限，书中难免会有疏漏和不足之处，请读者不吝指正。

编　者

目录

"组态"的概念是伴随集散控制系统（Distributed Control System，DCS）的出现才开始被广大生产过程自动化技术人员所熟知的。在控制系统使用的各种仪表中，早期的控制仪表是气动 PID 调节器，后来发展为气动单元组合仪表，20 世纪 50 年代后出现电动单元组合仪表和直接数字控制（Direct Digital Control，DDC）系统，70 年代中期随着微处理器的出现，诞生了第一代 DCS，到目前 DCS 和其他控制设备在全球范围内已经得到了广泛应用。计算机控制系统的每次大发展的背后都有着 3 个共同的推动力：①微处理器技术产生质的飞跃，促成硬件成本的大幅下降和控制设备体积的缩小；②计算机网络技术的大发展；③计算机软件技术的飞跃。由于每一套 DCS 都是比较通用的控制系统，故可以应用到很多的领域中，为了使用户在不需要编代码程序的情况下，便可生成适合自己需求的应用系统，每个 DCS 厂商在 DCS 中都预装了系统软件和应用软件，而其中的应用软件，实际上就是组态软件，但一直没有给出明确定义，只是将使用这种应用软件设计生成目标应用系统的过程称为"组态（configure）"或"做组态"。

组态的概念最早来自英文 configuration，含义是使用软件工具对计算机及软件的各种资源进行配置，达到使计算机或软件按照预先设置，自动执行特定任务，满足使用者要求的目的。监控组态软件是面向监控与数据采集（Supervisory Control And Data Acquisition，SCADA）的软件平台工具，具有丰富的设置项目，使用方式灵活，功能强大。监控组态软件最早出现时，HMI（Human Machine Interface）或 MMI（Man Machine Interface）是其主要内涵，即主要解决人机图形界面问题。随着监控组态软件的快速发展，实时数据库、实时控制、SCADA、通信及联网、开放数据接口、对 I/O 设备的广泛支持已经成为它的主要内容。随着技术的发展，监控组态软件将会不断被赋予新的内容。直到现在，每个 DCS 厂家的组态软件仍是专用的（即与硬件相关的），不可相互替代。从 20 世纪 80 年代末开始，由于个人计算机的普及，国内开始有人研究如何利用 PC 进行工业监控，同时开始出现基于 PC 总线的 A/D、D/A、计数器、DIO 等各类 I/O 板卡。应该说国内组态软件的研究起步是不晚的。当时有人在 MS-DOS 的基础上用汇编语言或 C 语言编制带后台处理能力的监控组态软件，有实力的研究机构则在实时多任务操作系统 iRMX86 或 VRTX 上做文章，但均未形成有竞争力的产品。随着 MS-DOS 和 iRMX86 用户数量的萎缩和微软公司 Windows 操作系统的普及，基于 PC 的监控组态软件才迎来了发展机遇，以组态王软件为代表的国产组态软件也经历了这一复杂的过程。世界上第一个把组态软件作为商品进行开发、销售的专业软件公司是美国的 Wonderware 公司，它于 20 世纪 80 年代末率先推出第一个商品化监控组态软件 Intouch。此后监控组态软件在全球得到了蓬勃发展，目前世界上的组态软件有几十种之多，总装机量有几十万套。随着信息化社会的到来，监控组态软件在社会信息化进程中将扮演越来越重要的角色，每年的市场增幅都会有较大增长，未来的发展前景良好。

表 1-1 列出了国际上比较知名的 12 种监控组态软件。

表 1-1　国际上比较知名的监控组态软件

公司名称	产品名称	国别	公司名称	产品名称	国别
Intellution	FIX、iFIX	美国	Rock-Well	RSview32	美国
Wonderware	Intouch	美国	信肯通	Think&Do	美国
Nema Soft	Paragon、ParagonTNT	美国	National Instruments	LabView	美国
TA Engineering	AIMAX	美国	Iconics	Genesis	美国
通用电气	Cimplicity	美国	PC Soft	WizCon	以色列
西门子	WinCC	德国	Citech	Citech	澳大利亚

1.1　监控组态软件的历史背景及发展趋势

1.1.1　监控组态软件的历史背景

监控组态软件是随着计算机技术的突飞猛进发展起来的。20 世纪 60 年代虽然计算机开始涉足工业过程控制，但由于计算机技术人员缺乏工厂仪表和工业过程的知识储备，导致计算机工业过程系统在各行业的推广速度比较缓慢。20 世纪 70 年代初期，微处理器的出现，促进了计算机控制走向成熟。首先，微处理器在提高计算能力的基础上，大幅降低了计算机的硬件成本，缩小了计算机的体积，很多从事控制仪表和原来一直就从事工业控制计算机的公司先后推出了新型控制系统。这一历史时期较有代表性的事件就是 1975 年美国 Honeywell 公司推出的世界上第一套 DCS TDc-Z000。而随后的 20 年间，DCS 及其计算机控制技术日趋成熟，得到了广泛应用，此时的 DCS 已具有较丰富的软件，包括计算机系统软件（操作系统）、组态软件、控制软件、操作站软件以及其他辅助软件（如通信软件）等。

这一阶段虽然 DCS 技术、市场发展迅速，但软件仍是专用和封闭的，除了在功能上不断加强外，软件成本一直居高不下，造成 DCS 在中小型项目上的单位成本过高，使一些中小型应用项目不得不放弃使用 DCS。20 世纪 80 年代中后期，随着个人计算机的普及和开放系统（open system）概念的推广，基于个人计算机的监控系统开始进入市场，并发展壮大。组态软件作为个人计算机监控系统的重要组成部分，比 PC 监控的硬件系统具有更为广阔的发展空间。第一，很多 DCS 和 PLC 厂家主动公开通信协议，加入“PC 监控”的阵营，因为几乎所有的 PLC 和一半以上的 DCS 都使用 PC 作为操作站。第二，由于 PC 监控大大降低了系统成本，使得市场空间得以扩大，从无人值守的远程监视（如防盗报警、江河汛情监视、环境监控、电信线路监控、交通管制与监控、矿井报警等）、数据采集与计量（如居民水电气表的自动抄表、铁道信号采集与记录等）、数据分析（如汽车和机车自动测试、机组和设备参数测试、医疗化验仪器设备实时数据采集、虚拟仪器、生产线产品质量抽检等）到过程控制，几乎无处不用。第三，各类智能仪表、调节器和 PC-based 设备可与组态软件构筑完整的低成本自动化系统，具有广阔的市场空间。第四，各类嵌入式系统和现场总线的异军突起，把组态软件推到了自动化系统主力军的位置，组态软件越来越成为工业自动化系统中的灵魂。

组态软件之所以同时得到用户和 DCS 厂商的认可，主要有以下两个原因。

1）个人计算机操作系统日趋稳定可靠，实时处理能力增强且价格便宜。

2）个人计算机的软件及开发工具不断丰富，使组态软件的功能强大，开发周期相应缩短，软件升级和维护也较方便。

目前，多数组态软件都是在 Windows 3.1 或 3.2 操作系统下逐渐成熟起来的，国外少数组态软件可以在 OS/2 或 UNIX 环境下运行。目前绝大多数组态软件都运行在 Windows 98/NT 环境下。较理想的环境是 Windows NT 或 Windows 2000 操作系统，因为其内核是原来的 VMS 的变种，可靠性和实时性都好于 Windows 98。组态软件的开发工具以 C++为主，也有少数开发商使用 Delphi 或 C++ Builder。一般来讲，使用 C++开发的产品运行效率更高，程序代码较短，运行速度更快，但开发周期要长一些，其他开发工具则相反。

1.1.2　组态软件作为单独行业的出现是历史的必然

市场竞争的加剧使行业分工越来越细，"大而全"的企业将越来越少（企业集团除外），每个 DCS 厂商必须把主要精力用于其本身所擅长的技术领域，巩固已有优势。如果还是软硬件一起做，就很难在竞争中取胜。今后社会分工会更加细化。表面上看来功能较单一的组态软件，其市场才刚被挖掘出来，今后的成长空间还相当广阔。组态软件的发展与成长和网络技术的发展与普及密不可分。曾有一段时期，各 DCS 厂商的底层网络都是专用的，现在则使用国际标准协议，这在很大程度上促进了组态软件的应用。

1.1.3　现场总线技术的成熟更加促进了组态软件的应用

应该说现场总线是一种特殊的网络技术，其核心价值一是工业应用，二是完成从模拟方式到数字方式的转变，使信息和供电同在一根双线电缆上传输，还要满足许多技术指标。同其他网络一样，现场总线的网络系统也具备 OSI 的若干层协议。从这个意义上讲，现场总线与普通的网络系统具有相同的属性，但现场总线设备的种类多，同类总线的产品也分现场设备、耦合器等多种类型，在未来几年现场总线设备将大量替代现有现场设备，给组态软件带来更多机遇。

1.1.4　能够同时兼容多种操作系统平台是组态软件的发展方向之一

可以预言，微软公司在操作系统市场上的垄断迟早要被打破，未来的组态软件也要求跨操作系统平台，至少要同时兼容 Windows NT 和 Linux/UNIX。

UNIX 系统是计算机软件最早的程序开发环境，整个 UNIX 系统可以粗略地分为 3 层，最下层是一个与具体硬件相联系的多进程操作系统内核；中间一层是可编程的 Shell 命令解释程序，它是用户与系统内核的接口，是整个 UNIX 环境中灵活使用与扩展各种软件工具的工具；最外层是用户的实用工具，有多种程序语言、数据库管理系统及一系列进行应用开发的实用工具。

UNIX 系统主要有以下 6 个特点。

1）具有一组丰富的实用软件开发工具。

2）具有方便装卸的分级结构树形文件系统。

3）具有功能完备、使用简便灵活、同时具有可编程的命令解释语言 Shell。

4）支撑整个环境的系统内核紧凑、功能强、效率高。

5）整个系统不限定在某一特定硬件上，可移植性好。

6）仍在发展中，不断完善实时控制功能。

UNIX 是唯一可以在超微、微、超小、小型工作站和中大、大、巨型机上"全谱系通用"的系统。由于 UNIX 的特殊背景及强大的功能，特别是它的可移植性以及目前硬件突飞猛进的发展形势，吸引了越来越多的厂家和用户。

UNIX 在多任务、实时性、联网方面的处理能力优于 Windows NT，但在图形界面、即插即用、I/O 设备驱动程序数量方面赶不上 Windows NT，20 世纪 90 年代以来 UNIX 的这些缺点已得到改进，现在的 UNIX 图形界面和 UNIX 的变种——Linux 已经具备了较好的图形环境。

1.1.5　组态软件在嵌入式整体方案中将发挥更大作用

前面已讲过，微处理器技术的发展会带动控制技术及监控组态软件的发展，目前嵌入式系统的发展速度极为迅猛，但相应的软件尤其是组态软件发展滞后较严重，制约着嵌入式系统的发展。从使用方式上把嵌入式系统分为两种：带显示器/键盘的和不带显示器/键盘嵌入式系统。

1）带显示器/键盘的嵌入式系统。这种系统又可分为带机械式硬盘和带电子盘的嵌入式系统 2 种。带机械式硬盘（如 PC/104 可外接硬盘）的嵌入式系统，可安装 Windows 98/NT 等大型操作系统，对组态软件没有更多的要求。

不带机械式硬盘（带电子盘）的嵌入式系统，由于电子盘的容量受限（也可以安装大容量电子盘，但造价太高），因此此类应用只能安装 Windows 3.2、Windows CE、DOS 或 Linux 操作系统。目前支持 Windows CE 或 Linux 的组态软件很少，用户一般或自己亲自编程，或使用以前的 DOS 环境软件。此外，价格也是一个重要因素，如果嵌入式系统的软硬件价格能进一步降低，其市场规模将是空前的。

2）不带显示器/键盘的嵌入式系统。这种嵌入式系统一般情况都使用电子盘，只能安装 Windows 3.2、Windows CE、DOS 或 Linux 操作系统，此类应用会附带外部数据接口（以太网、RS232/485 等），目前面向此类应用的组态软件市场潜力巨大。

1.1.6　组态软件在 CIMS 应用中将起到重要作用

美国的 Harrington 博士于 1973 年提出了计算机集成制造系统（Computer Integrated Manufacturing System，CIMS）的概念，主要内容有：企业内部生产各环节密不可分，需要统筹协调；工厂的生产过程，实质就是对信息的收集、传递、加工和处理的过程。CIMS 所追求的目标是使工厂的管理、生产经营、服务全自动化、科学化、受控化，最大限度地发挥企业中人、资源、信息的作用，提高企业运转效率和市场应变能力，降低成本。CIMS 的概念不仅适用于离散型生产流程的企业，同样适用于生产连续型的流程行业。在流程行业也称为计算机集成流程系统（Computer Integrated Process System，CIPS）。

自动化技术是 CIMS 的基础，目前多数企业对生产自动化都比较重视，它们或采用 DCS（含 PLC）或采用以 PC 总线为基础的工控机构成简易的分散型测控系统。但现实当中的自动化系统都是分散在各装置上的，企业内部的各自动化装置之间缺乏互联手段，不能实现信息的实时共享，这从根本上阻碍了 CIMS 的实施。

组态软件在企业 CIMS 发展过程中能够发挥下面 3 方面的作用。

1）充当 DCS（含 PLC）的操作站软件，尤其是 PC-Eased 监控系统。

2）以往各企业只注重在关键装置上投资，引进自动化控制设备，而在诸如公用工程（如能源监测、原材料管理、产成品管理、产品质量监控、自动化验分析、生产设备状态监视等）生产环节上重视程度不够。这种一个企业内部各部门间自动化程度的不协调也影响CIMS 的进程，受到损失的将是企业本身。组态软件在技术改造方面也会发挥更大的作用，促进企业以低成本、高效率地实现全厂的信息化建设。

3）由于组态软件具有丰富的 I/O 设备接口，能与绝大多数控制装置相连，具有分布式实时数据库，可以解决分散的"自动化孤岛"互联问题，大幅节省 CIMS 建设所需的投资。伴随着 CIMS 技术的推广与应用，组态软件将逐渐发展成为大型平台软件，以原有的图形用户接口、I/O 驱动、分布式实时数据库、软逻辑等为基础将派生出大量的实用软件组件，如先进控制软件包、数据分析工具等。

1.1.7 信息化社会的到来为组态软件拓展了更多的应用领域

组态软件的应用不仅仅局限在工业企业，在农业、环保、邮政、电信、实验室、医疗、金融、交通、航空等各行各业均能找到使用组态软件的实例。

随着我国社会进步和信息化速度的加快，组态软件将赢得巨大的市场空间。这将极大地促进国产优秀组态软件的应用，为国产优秀组态软件创造良好的成长环境，促进国产软件品牌的成长和参与国际竞争。

组态软件事业的发展也加剧了对从事组态软件开发与研制的人才需求。我国的组态软件经历了从无到有的曲折过程，而目前则面临着如何在未来的竞争中取胜，如何制订未来的发展战略，如何开拓国际市场等一系列新的课题。组态软件涉及自动控制理论及技术、计算机理论及技术、通信及网络技术、人机界面技术（即所谓的 CRT 技术）等多个学科，对开发人员的软件设计、理论及实践经验都有很高的要求，广大高校的相关专业大学生、研究生面临着从事该项事业的难得机遇，盼望更多的人才加入到组态软件的开发队伍中来，为我国的国民经济信息化做出历史性贡献。

1.2 组态软件的设计思想及特点

1.2.1 组态软件的特点

组态软件最突出的特点是实时多任务。例如，数据采集与输出、数据处理与算法实现、图形显示及人机对话、实时数据的存储、检索管理、实时通信等多个任务要在同一台计算机上同时运行。

组态软件的使用者是自动化工程设计人员。组态软件的主要目的是使使用者在生成适合自己需要的应用系统时不需要修改软件程序的源代码，因此在设计组态软件时应充分了解自动化工程设计人员的基本需求并加以总结提炼，重点、集中解决共性问题。下面是组态软件主要解决的问题。

1）如何与采集、控制设备间进行数据交换；

2）使来自设备的数据与计算机图形画面上的各元素关联起来；

3）处理数据报警及系统报警；

4）存储历史数据并支持历史数据的查询；

5）各类报表的生成和打印输出；

6）为使用者提供灵活、多变的组态工具，可以适应不同应用领域的需求；

7）最终生成的应用系统运行稳定可靠；

8）具有与第三方程序的接口，方便数据共享。

自动化工程设计技术人员在组态软件中只需填写一些事先设计的表格，再利用图形功能把被控对象（如反应罐、温度计锅炉、趋势曲线、报表等）形象地画出来，通过内部数据连接把被控对象的属性与 I/O 设备的实时数据进行逻辑连接。当由组态软件生成的应用系统投入运行后，与被控对象相连的 I/O 设备数据发生变化会直接带动被控对象的属性变化。若要对应用系统进行修改，也十分方便，这就是组态软件的方便性。

从以上可以看出，组态软件具有实时多任务、接口开放、使用灵活、功能多样、运行可靠的特点。

1.2.2　组态软件的设计思想

在单任务操作系统环境下（例如 MS DOS），要想让组态软件具有很强的实时性，就必须利用中断技术，由于这种环境下的开发工具较简单，软件编制难度大，目前运行于 MS DOS 环境下的组态软件基本上已退出市场。在多任务环境下，由于操作系统直接支持多任务组态软件的性能得到了全面加强。因此组态软件一般都由若干组件构成，而且组件的数量在不断增长，功能也在不断加强。各组态软件普遍使用了"面向对象"（Object Oriented）的编程和设计方法，使软件更加易于学习和掌握，功能也更强大。一般的组态软件都由下列组件组成：图形界面系统、实时数据库系统、第三方程序接口组件、控制功能组件。下面将分别讨论每一类组件的设计思想。

在图形画面生成方面，构成现场各过程图形的画面被划分成 3 类简单的对象：线、填充形状和文本，每个简单的对象均有设置其外观的属性。对象的基本属性包括线的颜色、填充颜色、高度、宽度、取向、位置移动等。这些属性可以是静态的，也可以是动态的，静态属性在系统投入运行后保持不变，与原来组态时一致。而动态属性则与表达式的值有关，表达式可以是来自 I/O 设备的变量，也可以是由变量和运算符组成的数学表达式。这种对象的动态属性随表达式值的变化而实时改变。例如，用一个矩形填充体模拟现场的液位，在设置这个矩形的填充属性时，指定代表液位的工位号名称、液位的上下限及对应的填充高度，就完成了液位的图形组态，这个组态过程通常称为动画连接。

在图形界面上还具备报警通知及确认、报表组态及打印、历史数据查询与显示等功能。各种报警、报表、趋势都是动画连接的对象，其数据源都可以通过组态来指定。这样每个画面的内容就可以根据实际情况由工程技术人员灵活设计，每幅画面中的对象数量均不受限制。

在图形界面中，各类组态软件普遍提供了一种类似 Basic 语言的编程工具——脚本语言来扩充其功能，用脚本语言编写的程序段可由事件驱动或周期性地执行，是与对象密切相关的。例如，当按下某个按钮时可指定执行一段脚本语言程序，完成特定的控制功能，也可以指定当某一变量的值变化到关键值以下时，马上启动一段脚本语言程序完成特定的控制功能。

控制功能组件以基于 PC 的策略编辑/生成组件（也称之为软逻辑或软 PLC）为代表，是组态软件的主要组成部分。虽然脚本语言程序可以完成一些控制功能，但还不是很直观，对于用惯了梯形图或其他标准编程语言的自动化工程师来说，太不方便了，因此目前的多数组态软件都提供了基于 IEC1131-3 标准的策略编辑/生成控制组件。它也是面向对象的，但不是唯一地由事件触发，它像 PLC 中的梯形图一样按照顺序周期地执行。策略编辑/生成组件在基于 PC 和现场总线的控制系统中是大有可为的，可以大幅降低成本。

实时数据库是更为重要的一个组件。因为 PC 的处理能力太强了，因此实时数据库能够更加充分地表现出组态软件的长处。实时数据库可以存储每个工艺点的多年数据，用户既可浏览工厂当前的生产情况，又可回顾过去的生产情况。可以说，实时数据库对于工厂来说就如同飞机上的"黑匣子"。工厂的历史数据是很有价值的，实时数据库具备数据档案管理功能。工厂的实践告诉我们：现在很难知道将来进行分析时哪些数据是必需的。因此，保存所有的数据是防止丢失信息的最好的方法。

通信及第三方程序接口组件是开放系统的标志，是组态软件与第三方程序交互及实现远程数据访问的重要手段之一，它有下面 3 个主要作用。

1）用于双机冗余系统中，主机与从机间的通信。

2）用于构建分布式 HMI/SCADA 应用时多机间的通信。

3）在基于 Internet 或 Browser/Server（B/S）应用中实现通信功能。

通信组件中有的功能是一个独立的程序，可单独使用；有的被"绑定"在其他程序当中，不被"显式"地使用。

1.2.3 对组态软件的性能要求

1. 实时多任务

实时性是指工业控制计算机系统应该具有的能够在限定的时间内对外来事件做出反应的特性。在具体地确定这里所说的限定时间时，主要考虑两个要素：其一，根据工业生产过程出现的事件能够保持多长的时间；其二，该事件要求计算机在多长的时间以内必须做出反应，否则，将对生产过程造成影响甚至损害。可见，实时性是相对的。工业控制计算机及监控组态软件具有时间驱动能力和事件驱动能力，即在按一定的周期时间对所有事件进行巡检扫描的同时，可以随时响应事件的中断请求。实时性一般都要求计算机具有多任务处理能力，以便将测控任务分解成若干并行执行的多个子任务，加快程序执行速度。

可以把那些变化并不显著，即使不立即做出反应也不至于造成影响或损害的事件，作为顺序执行的任务，按照一定的巡检周期有规律地执行，而把那些保持时间很短且需要计算机立即做出反应的事件，作为中断请求源或事件触发信号，为其专门编写程序，以便在该类事件一旦出现时计算机能够立即响应。如果由于测控范围庞大、变量繁多，这样分配仍然不能保证所要求的实时性时，则表明计算机的资源已经不够使用，只得对结构进行重新设计，或者提高计算机的性能。

2. 高可靠性

在计算机、数据采集控制设备正常工作的情况下，如果供电系统正常，当监控组态软件的目标应用系统所占的系统资源未超负荷时，则要求软件系统稳定可靠地运行。

如果对系统的可靠性要求得更高，就要利用冗余技术构成双机乃至多机备用系统。冗余技术是利用冗余资源来克服故障影响，从而增加系统可靠性的技术，冗余资源是指在系统完成正常工作所需资源以外的附加资源。简而言之，冗余技术就是用更多的经济投入和技术投入来获取系统具有的更高的可靠性指标。

3. 标准化

尽管目前尚没有一个明确的国际、国内标准用来规范组态软件，但国际电工委员会IEC1131-3 开放型国际编程标准在组态软件中起着越来越重要的作用。IEC1131-3 提供用于规范 DCS 和 PLC 中的控制用编程语言，它规定了 4 种编程语言标准（梯形图、结构化高级语言、方框图、指令助记符）。此外，OLE（目标的连接与嵌入）和 OPC（过程控制用OLE）是微软公司的编程技术标准，目前也被广泛地使用。

TCP/IP 是网络通信的标准协议，被广泛地应用于现场测控设备之间及测控设备与操作站之间的通信。每种操作系统的图形界面都有其标准，例如 UNIX 和微软的 Windows 都有本身的图形标准。

组态软件本身的标准尚难统一，其本身就是创新的产物，处于不断的发展变化之中。由于使用习惯的原因，早一些进入市场的软件在用户意识中已形成一些不成文的标准，成为某些用户判断另一种产品的"标准"。

1.3　监控组态软件组态王

目前国内研究开发监控组态软件有很多家，例如北京昆仑公司的 MCGS、北京亚控科技发展有限公司（以下简称北京亚控公司）的 KingView 组态王、北京三维公司的力控等，这些软件功能大同小异，其中北京亚控公司研究开发了 HMI、SCADA、OPC Server、生产智能平台、MES 等产品，本书主要以北京亚控公司的监控组态软件 KingView 组态王为例进行介绍。

1.3.1　组态王嵌入版

1. 产品概述

传统嵌入式设备上经常使用专用系统，即开发本公司专用的组态软件。由于科技的发展日新月异，传统 HMI 厂商的专用组态软件显示出各种弊端，如在功能提升上非常困难，软件移植性差，人机界面大多数停留在黑白显示，画面显示不是非常友好等。

KingHMI 组态王嵌入版（见图 1-1）是亚控公司在组态王通用版的基础上，针对嵌入式的人机界面、PAC 设备、移动设备等，开发出来运行在开放式平台 Windows CE 或者Windows XPE 实时多任务嵌入式操作系统上的组态软件。OEM 产品方式为 HMI 厂商、PAC厂商等提供了非常方便快捷的嵌入式组态软件的解决方案。

2. 主要优势

组态王嵌入版主要优势如下：

1）绚丽的真彩显示画面，高效的画面刷新，把实时信息及时直观地传递给客户。

2）低廉的产品价格，可持续快速升级软件系统。

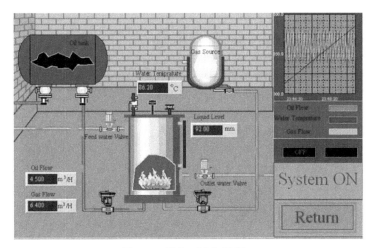

图 1-1　组态王嵌入版窗口

3. 核心性能

组态王嵌入版核心性能如下：

1) 卓越的实时数据控制及监测功能。

2) 可视化操作界面与开发环境，易学易用的绘图工具，快速提升开发效率。

3) 方便建立图形的动画连接并且动画连接种类繁多，容易满足各类需求。

4) 高效的报警处理功能帮助客户进行故障监视和决策制定。

5) 实时数据的历史记录功能便于客户日后进行查找与分析。

6) 实时趋势曲线控件、历史趋势曲线控件友好地展示了数据的历史变化。

7) 强大的脚本语言处理，能够帮助用户实现复杂的逻辑操作与决策处理。

8) 方便的配方处理功能。

9) 丰富的设备支持库，支持常见的 PLC 设备、智能仪表、智能模块等。

10) 拥有基本包括各行业的图形库，并且支持客户自行设计添加图形库。

11) 强大的远程调试和在线功能使得用户可以通过网络远程连接下位机，进行远程工程的上传、下载以及调试。

1.3.2　组态王 KingSCADA 3.0 版

1. 产品概述

KingSCADA 系列产品是亚控科技经过大量的用户需求调查，并根据自动化行业的发展趋势，精心设计的一款新时代的组态软件。它打破了传统观念的束缚，创造性地引入了模型概念，是一次革命性的转变，使传统的以工程为单位的组态开发软件面向系统化、模块化发展，如图 1-2 所示。

KingSCADA 是一款面向高、中端市场的 SCADA 产品，它具有集成管理、模块式开发、高度复用组态、性能稳定、易学易用等特点。在此基础上，这款产品还具有强大的图形开发工具、绚丽的图形界面、丰富的属性设置等构成的组态开发环境，使用户能够将数据在图形上的展示发挥到极致。产品的模块化架构，突破地域以及站点规模的限制，更加灵活的实现部署，同时，这种模块化软件结构不仅提高了开发者的开发效率，更便于现场操作员对系统进行维护，从而降低成本并确保整个系统更安全、稳定的运行。另外，该产品将构建一个开放性数据平台，将任何控制系统、远程终端系统、数据库、历史库以及企业其他信息化系统进行融合，更好地为企业构建完整的信息系统提供了有力的保障。

图 1-2　组态王 KingSCADA 3.0 版窗口

2．产品优势

KingSCADA 系列产品优势如下：

1）易学易用的开发环境，缩短培训周期，并快速掌握开发技巧，创造完美的工程。

2）先进的模型开发技术，减少工作量，缩短开发周期，积累企业财富。

3）轻松完成故障监视，将减少调试过程成本。

4）极高的可扩展性，与最新技术的产品保持同步更新。

5）高可靠性以及易维护性，节约成本。

6）广泛的外部接口，融入整个企业信息系统中，成为连通更多领域的桥梁。

3．产品特性

KingSCADA 系列产品特性如下：

1）完美的图形，再现真实的生产场景。

2）模型复用，更轻松高效的进行组态。

3）智能诊断，系统故障在线展示。

4）数据块采集，高速精准获取数据。

5）完善的冗余方案，保证系统安全稳健。

6）柔性网络架构，随需进行灵活的网络部署。

1.3.3　组态王 KingView 6.53 版

1．产品概述

KingView 是亚控公司推出的第一款针对中小型项目推出的用于监视与控制自动化设备和过程的 SCADA 产品，也是亚控公司的第一款产品。自 KingView 问世以来，以其易学易用、功能齐全、物美价廉的产品优势而畅销不衰，在中国及亚洲成为最著名的组态软件产品之一，如图 1-3 所示。

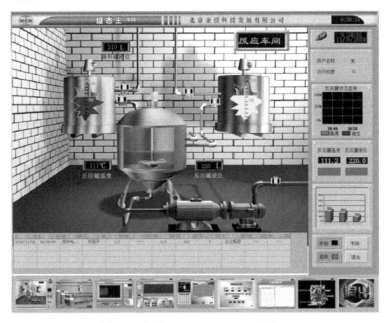

图 1-3　组态王 KingView 6.53 版窗口

2. 主要优势

KingView 主要优势如下：

1）可视化操作界面。

2）自动建立 I/O 点。

3）分布式存储报警和历史数据。

4）设备集成能力强，可连接几乎所有设备和系统。

3. 核心性能

KingView 核心性能如下：

1）流程图监控功能。

2）完整的脚本编辑功能

3）实时趋势监视功能。

4）全面报警功能。

5）历史数据管理功能。

6）报表展示功能。

目前，这个产品是北京亚控公司应用最广泛的，鉴于篇幅考虑，亚控公司其他产品就不一一赘述了。

习题与思考题

1）什么是组态软件？

2）组态王系统各版本有哪些异同？

3）简述组态软件的应用领域。

第2章
开始一个新工程

在组态王中，建立一个新应用工程大致可分为以下5个步骤：

1）设计图形界面。

2）定义设备驱动。

3）构造数据库变量。

4）建立动画连接。

5）运行和调试。

需要说明的是，这5个步骤并不是完全独立的，事实上，这5个部分常常是交错进行的。

在用TouchMak构造应用工程之前，用户要仔细规划项目，主要考虑以下3方面问题：

1）画面：用户希望用怎样的图形画面来模拟实际的工业现场和相应的控制设备？用组态王系统开发的应用工程是以"画面"为程序显示单位的，"画面"显示在程序实际运行时的Windows窗口中。

2）数据：怎样用数据来描述控制对象的各种属性？也就是创建一个实时数据库，用此数据库中的变量来反映控制对象的各种属性，比如变量"温度""压力"等。此外，还有代表操作者指令的变量，比如"电源开关"。用户规划中可能还要为临时变量预留空间。

3）动画：数据和画面中图素的连接关系是什么？也就是画面中的图素以怎样的动画来模拟现场设备的运行，以及怎样让操作者输入控制设备的指令。

2.1　建立新工程

在组态王中，建立的每一个应用称为一个工程。每个工程必须在一个独立的目录下，不同的工程不能共用一个目录。在每一个工程的路径下，生成了一些重要的工程文件，这些数据文件是不允许直接修改的。

2.1.1　工程简介

建立一个车间的监控中心，监控中心从现场采集生产数据，并以动画形式直观显示在监控画面上。监控画面还将显示实时趋势和报警信息，并提供历史数据查询的功能，最后完成一个数据统计的报表。

反应车间需要采集 4 种现场数据（在数据字典中进行操作）：

1）原料油液位（变量名：原料油液位，最大值 100，整型数据）。

2）原料油罐压力（变量名：原料油罐压力，最大值 100，整型数据）。

3）催化剂液位（变量名：催化剂液位，最大值 100，整型数据）。

4）成品油液位（变量名：成品油液位，最大值 100，整型数据）。

2.1.2　使用工程管理器

组态王工程管理器的主要作用是为用户集中管理本机上的组态王工程。工程管理器的主要功能包括：新建、删除工程、对工程重命名、搜索组态王工程、修改工程属性、工程备份、恢复、数据词典的导入导出、切换到组态王开发或运行环境等。假设用户已经正确安装了"组态王 7.5"，可以通过以下方式启动工程管理器：

单击"开始"→"程序"→"组态王 7.5"→双击"组态王 7.5"图标，启动后的工程管理窗口如图 2-1 所示。

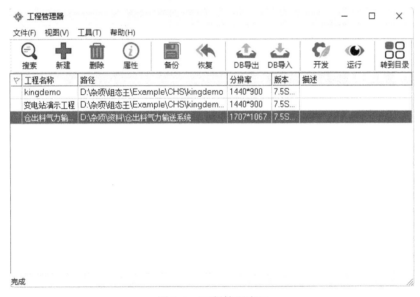

图 2-1　工程管理窗口

2.1.3　建立新工程

工程管理器启动后，当前选中的工程是用户上次进行开发的工程，称为当前工程。如果用户是第一次使用组态王，组态王的示例工程将作为默认的当前工程。组态王进入运行系统时，直接调用工程管理器的当前工程。为建立一个新的工程，请执行以下操作：

1）在工程管理器中选择"文件"菜单中的"新建工程"命令，或者单击工具栏的"新建"按钮，出现新建工程对话框，如图 2-2 所示。

2）单击"下一页"按钮，弹出新建工程向导之二对话框，如图 2-3 所示。

3）单击"浏览"按钮，选择新建工程的存储路径。

4）单击"下一页"按钮，弹出新建工程向导之三对话框，如图 2-4 所示。

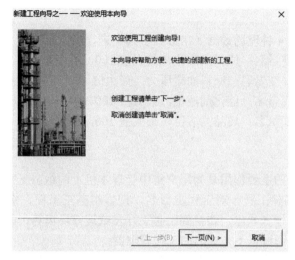

图 2-2　新建工程向导之一

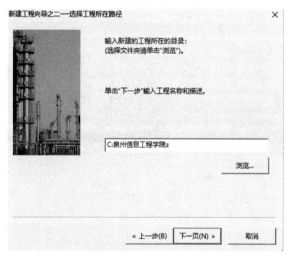

图 2-3　新建工程向导之二

图 2-4　新建工程向导之三

在对话框中输入工程名称："我的工程"。

在工程描述中输入："反应车间监控中心"。

5）单击"完成"按钮，弹出对话框询问是否将该工程设为组态王当前工程，如图 2-5 所示。

6）单击"是"按钮，将新建工程设为组态王当前工程，当进入运行环境时系统默认运行此工程。

注：组态王将在新建工程向导之二对话框中所置的路径下生成新的文件夹"我的工程"，并生成文件 projManager.dat，保存新工程的基本信息。

图 2-5　新建工程向导之四对话框

7）在工程管理器中选择"工具"菜单中的"切换到开发系统"命令，进入工程浏览器窗口，此时组态王自动生成初始的数据文件。数据文件的名称和内容参见《组态王 6.53 使用手册》，至此新工程已经建立，可以对工程进行二次开发了。

2.2　设计画面

在本节将介绍工程浏览器、图形工具箱、调色板及图库管理器的使用。

2.2.1　使用工程浏览器

工程浏览器是组态王 6.53 的集成开发环境。在这里用户可以看到工程的各个组成部分包括 Web 数据库、设备、系统配置、SQL 访问管理器等，它们以树形结构显示在工程浏览器窗口的左侧。工程浏览器的使用和 Windows 的资源管理器类似，如图 2-6 所示。

图 2-6　工程浏览器窗口

工程浏览器由菜单栏、工具条、工程目录显示区、目录内容显示区、状态条组成。其中"工程目录显示区"以树形结构图显示大纲节点，用户可以扩展或收缩工程浏览器中所列的大纲项。

2.2.2 建立新画面

为建立一个新的画面请执行以下操作：

1）在工程浏览器左侧的"工程目录显示区"中选择"画面"选项，在右侧视图中双击"新建"图标，弹出新画面对话框，如图 2-7 所示。

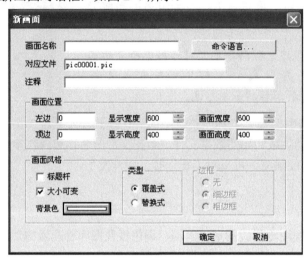

图 2-7 新画面对话框

2）新画面属性设置如下：

画面名称：监控中心

对应文件：pic00001.pic（自动生成，用户也可以自定义）

注释：反应车间的监控中心——主画面

画面风格：覆盖式。

画面边框：细边框。

画面位置：

左边：0。

顶边：0。

显示宽度：600。

显示高度：400。

画面宽度：600。

画面高度：400。

标题杆：无效。

大小可变：勾选。

3）在对话框中单击"确定"按钮，TouchExplorer 按照用户指定的风格产生出一幅名为"监控中心"的画面。

2.2.3 使用图形工具箱

接下来在此画面中绘制各种图素。绘制图素的主要工具放置在图形编辑工具箱内。当画面打开时，工具箱自动显示。

1）如果工具箱没有出现，选择"工具"菜单中的"显示工具箱"或按〈F10〉键将其打开，工具箱中各种基本工具的使用方法和 Windows 中的"画笔"很类似，如图 2-8 所示。

2）在工具箱中单击文本工具 T，在画面上输入文字：反应车间监控画面。

3）如果要改变文本的字体，颜色和字号，先选中文本对象，然后在工具箱内选择字体工具 。在弹出的"字体"对话框中修改文本属性。

2.2.4　使用调色板

选择"工具"菜单中的"显示调色板"，或在工具箱中选择 按钮，弹出调色板画面（注意，再次单击 按钮就会关闭调色板画面），如图 2-9 所示。

图 2-8　工具箱框

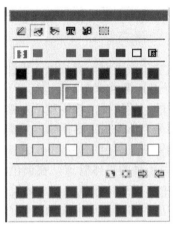

图 2-9　调色板画面

选中文本，在调色板上按下"对象选择按钮区"中"字符色"按钮（如图 2-9 所示），然后在"选色区"选择某种颜色，则该文本就变为相应的颜色。

2.2.5　使用图库管理器

选择"图库"菜单中"打开图库"命令或按〈F2〉键打开图库管理器，如图 2-10 所示。

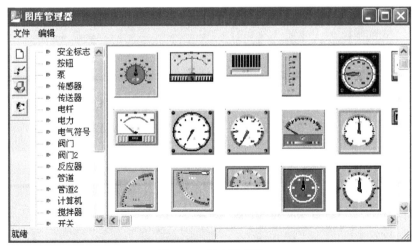

图 2-10　图库管理器

使用图库管理器降低了工程技术人员设计界面的难度，用户能够更加集中精力于维护数据库和增强软件内部的逻辑控制，缩短开发周期；同时用图库开发的软件将具有统一的外观，方便工程技术人员学习和掌握；另外利用图库的开放性，工程技术人员可以生成自己的图库元素。（目前公司提供付费软件开发包给高级用户，进行图库开发、驱动开发等）。在图库管理左侧图库名称列表中选择图库名称"反应器"，选中后双击鼠标，图库管理器自动关闭，在工程画面上鼠标位置出现"∟"标志，在画面上单击鼠标，该图素就被放置在画面上作为原料油罐并拖动边框到适当的位置，改变其至适当的大小并利用 $\boxed{T}$ 工具标注此罐为"原料油罐"。

重复上述的操作，在图库管理器中选择不同的图素，分别作为催化剂罐和成品油罐，并分别标注为"催化剂罐"和"成品油罐"。

2.2.6 继续生成画面

想要继续生成画面，需按以下步骤实施：

1）选择工具箱中的立体管道工具 $\boxed{⌐}$，在画面上鼠标图形变为"+"形状，在适当位置作为立体管道的起始位置，按住鼠标左键移动鼠标到结束位置后双击。则立体管道在画面上显示出来。如果立体管道需要拐弯，只需在折点处单击鼠标，然后继续移动鼠标，就可绘制折线形式的立体管道。

2）选中所画的立体管道，在调色板上按下"对象选择按钮区"中"线条色"按钮，在"选色区"中选择某种颜色，则立体管道变为相应的颜色。选中立体管道，在立体管道上单击右键在弹出的右键菜单中选择"管道宽度"来修改立体管道的宽度，立体管道的液体流动可以在此直接设置，也可以通过其他方法设计，下一章具体讲述。

3）打开图库管理器，在阀门图库中选择 $\boxed{⊓}$ 图素，双击后在反应车间监控画面上单击鼠标，则该图素出现在相应的位置，移动到原料油罐和成品油罐之间的立体管道上，并拖动边框改变其大小，并在其旁边标注文本：原料油出料阀。

重复以上的操作在画面上添加催化剂出料阀和成品油出料阀。最后生成的画面如图 2-11所示。

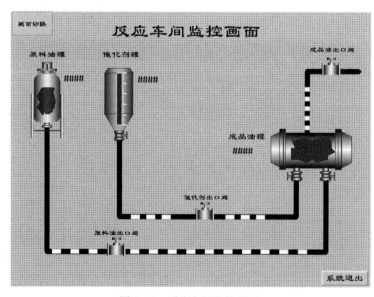

图 2-11　反应车间监控画面

至此，一个简单的反应车间监控画面就建立起来了。

4）选择"文件"菜单的"全部存"选项，将所完成的画面进行保存。

2.3 定义外部设备和数据变量

本节将介绍外部设备的定义方法、学习定义变量的方法。

2.3.1 定义外部设备

组态王把那些需要与之交换数据的硬件设备或软件程序都作为外部设备使用。外部设备包括 PLC、仪表、模块、板卡、变频器等。按照通信方式可以分为：串行通信（RS232/422/485）、以太网、专用通信卡（如 CP5611）等。

只有在定义了外部设备之后，组态王才能通过 I/O 变量和它们交换数据。为方便用户定义外部设备，组态王设计了"设备配置向导"引导用户一步步完成设备的连接。

本教程中使用仿真 PLC 和组态王通信，仿真 PLC 可以模拟现场的 PLC 为组态王提供数据。假设仿真 PLC 连接在计算机的 COM 口。

1）在组态王工程浏览器的左侧选中"COM1"，在右侧双击"新建"图标弹出"设备配置向导"对话框，如图 2-12 所示。

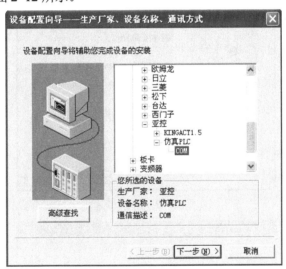

图 2-12　设备配置向导一

注：画面程序在实际运行中是通过 I/O 设备和下位机交换数据的，当程序在调试时，可以仿真 I/O 设备模拟下位机向画面程序提供数据，为画面程序的调试提供方便。组态王提供一个仿真 PLC 设备，用来模拟实际 PLC 设备向画面程序提供数据，供用户调试程序。

2）选择亚控提供的"仿真 PLC"的"串口"项后单击"下一步"弹出对话框，如图 2-13 所示。

3）为仿真 PLC 设备取一个名称，如 plc1，单击"完成"按钮，弹出选择串口号对话框，如图 2-14 所示。

4）为设备选择连接的串口为 COM2，单击"下一步"按钮，弹出设备地址对话框，如图 2-15 所示。

图 2-13　设备配置向导二

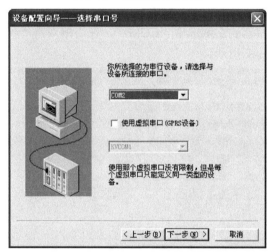

图 2-14　设备配置向导三

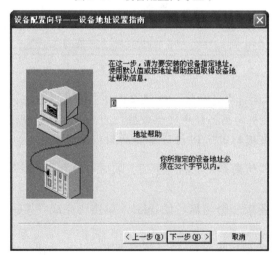

图 2-15　设备配置向导四

5）填写设备地址为 0，单击"下一步"按钮，弹出通信参数对话框，如图 2-16 所示。

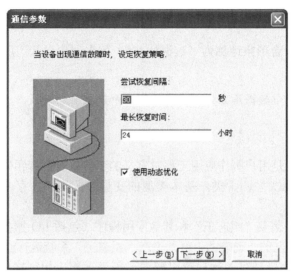

图 2-16 设备配置向导五

注：在实际连接设备时，设备地址处填写的地址要和用户实际设备上设定的地址完全一致。

6）设置通信故障恢复参数（一般情况下使用系统默认设置即可），单击"下一步"按钮，系统弹出信息总结窗口，如图 2-17 所示。

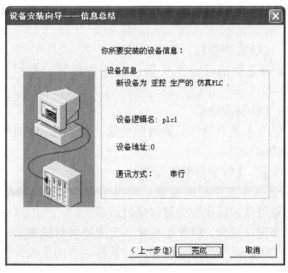

图 2-17 设备配置向导六

7）请检查各项设置是否正确，确认无误后，单击"完成"按钮。

设备定义完成后，用户可以在工程浏览器的右侧看到新建的外部设备"plc1"。在定义数据库变量时，用户只要把 I/O 变量连接到这台设备上，它就可以和组态王交换数据了。数据库的作用：数据库是"组态王"最核心的部分。在 TouchVew 运行时，工业现场的生产状况要以动画的形式反映在屏幕上，操作者在计算机前发布的指令也要迅速送达生产现场，所有这一切都是以实时数据库为中心环节，所以说数据库是联系上位机和下位机的桥梁。

数据库中变量的集合形象地称为"数据词典"，数据词典记录了所有用户可使用的数据变量的详细信息。

注：在组态王软件中数据库分为：实时数据库和历史数据库。

2.3.2 数据词典中变量的类型

数据词典中存放的是用户制作应用工程时定义的变量以及系统预先定义的变量。变量可以分为基本类型和特殊类型两大类，基本类型的变量又分为"内存变量"和"I/O 变量"两类。

"I/O 变量"指的是需要"组态王"和其他应用程序（包括 I/O 服务程序）交换数据的变量。这种数据交换是双向的、动态的，就是说在"组态王"系统运行过程中，每当 I/O 变量的值改变时，该值就会自动写入远程应用程序；每当远程应用程序中的值改变时，"组态王"系统中的变量值也会自动定期更新。所以，那些从下位机采集来的数据、发送给下位机的指令，比如"反应罐液位""电源开关"等变量，都需要设置成"I/O 变量"。那些不需要和其他应用程序交换、只在"组态王"内需要的变量，比如计算过程的中间变量，就可以设置成"内存变量"。

基本类型的变量也可以按照数据类型分为离散型、实型、长整数型和字符串型。

（1）内存离散变量、I/O 离散变量

类似一般程序设计语言中的布尔（BOOL）变量，只有 0、1 两种取值，用于表示一些开关量。

（2）内存实型变量、I/O 实型变量

类似一般程序设计语言中的浮点型变量，用于表示浮点数据，取值范围 10e-38～10e+38，有效值 7 位。

（3）内存整数变量、I/O 整数变量

类似一般程序设计语言中的有符号长整数型变量，用于表示带符号的整型数据，取值范围-2147483648～2147483647。

（4）内存字符串型变量、I/O 字符串型变量

类似一般程序设计语言中的字符串变量，可用于记录一些有特定含义的字符串，如名称、密码等，该类型变量可以进行比较运算和赋值运算。

特殊变量类型有报警窗口变量、报警组变量、历史趋势曲线变量、时间变量 4 种。这几种特殊类型的变量体现了"组态王"系统面向工控软件、自动生成人机接口的特色。

对于我们将要建立的"监控中心"，需要从下位机采集原料油的液位、原料油罐的压力、催化剂液位和成品油液位，所以需要在数据库中定义这 4 个变量。因为这些数据是通过驱动程序采集到的，所以 4 个变量的类型都是 I/O 实型变量，变量定义方法如下：

在工程浏览器的左侧选择"数据词典"，在右侧双击"新建"图标，弹出"定义变量"对话框，如图 2-18 所示。

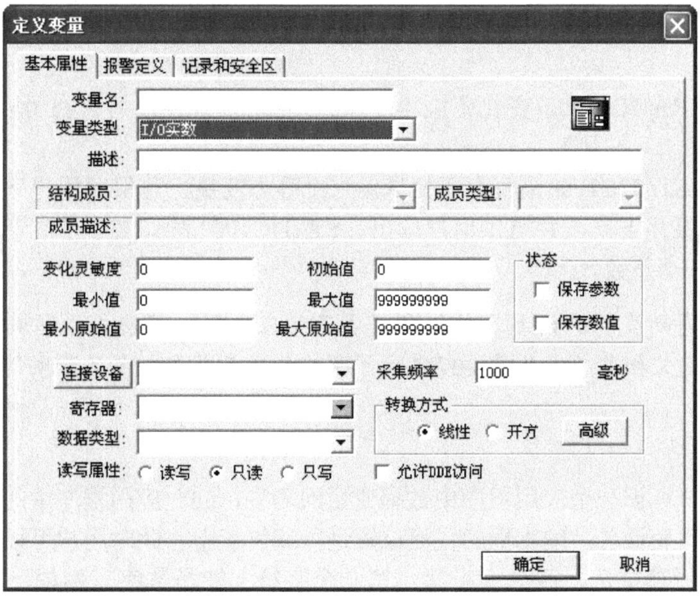

图 2-18 "定义变量"对话框

在对话框中添加变量如下：

变量名：原料油液位。

变量类型：I/O 实数。

变化灵敏度：0。

初始值：0。

最小值：0。

最大值：100。

最小原始值：0。

最大原始值：100。

转换方式：线性。

连接设备：PLC1。

寄存器：DECREAl00。

数据类型：SHORT。

采集频率：1000 毫秒。

读写属性：只读。

英文字母的大小写无关紧要。设置完成后单击"确定"按钮。

用类似的方法建立另 3 个变量"原料油罐压力""催化剂液位"和"成品油液位"。

此外由于演示工程的需要还须建立 3 个离散型内存变量为："原料油出料阀""催化剂出料阀""成品油出料阀"。

在该演示工程中使用的设备为仿真的 PLC，仿真 PLC 提供 5 种类型的内部寄存器变量 INCREA、DECREA、RADOM、STATIC 和 CommErr，寄存器 INCREA、DECREA、RADOM、STATIC 的编号从 1～1000，变量的数据类型均为整型（即 SHORT）。

递增寄存器 INCREA100 变化范围 0～100，表示该寄存器的值周而复始地由 0 递加到 100。

　　递减寄存器 DECREA100 变化范围 0～100，表示该寄存器的值周而复始地由 100 递减为 0。

　　随机寄存器 RADOM100 变化范围 0～100，表示该寄存器的值在 0 到 100 之间随机变动。

　　静态寄存器 STATIC100 该寄存器变量是一个静态变量，可保存用户下发的数据，当用户写入数据后就保存下来，并可供用户读出。STATIC100 表示该寄存器变量能够接收 0～100 之间的任意一个整数。

　　注：组态王对所支持的设备及软件都提供了相应的联机帮助，指导用户进行设备的定义，用户在实际定义相关的设备需要经常访问联机帮助来获取相关的帮助信息。

2.3.3　变量基本属性的说明

　　变量名：唯一标识一个应用程序中数据变量的名字，同一应用程序中的数据变量不能重名。用鼠标单击"变量名"编辑框的任何位置进入编辑状态，此时用户可以输入变量名，变量名可以是汉字或英文名，区分大小写，第一个字符不能是数字。例如，温度、压力、液位、varl 等均可以作为变量名，变量的名称最多为 31 个字符。

　　变量类型：在对话框中只能定义 8 种基本类型中的 1 种，用鼠标单击"变量类型"下拉列表框列出可供选择的数据类型，当用户定义有结构类型时，一个结构就是一种变量类型。

　　描述：此编辑框用于编辑和显示数据变量的注释信息。若想在报警窗口中显示某变量的描述信息，可在定义变量时，在描述编辑框中加入适当说明，并在报警窗口中加上描述项，则在运行系统的报警窗口中可见该变量的描述信息（最长不超过 39 个字符）。

　　变化灵敏度：数据类型为"浮点型"或"整型"时此项有效。只有当该数据变量的值变化幅度超过设置的"变化灵敏度"时，组态王才更新与之相连接的图素（默认为 0）。

　　最小值：指示该变量值在数据库中的下限。

　　最大值：指示该变量值在数据库中的上限。

　　注：组态王中最小的精度为 float 型，占 4 个字节。定义最大值时注意不要越限。

　　最小原始值：指示前面定义的最小值所对应的输入寄存器的值的下限。

　　最大原始值：指示前面定义的最大值所对应的输入寄存器的值的上限。

　　注：通过最小/最大值与最小/最大原始值之间的线性变换，可以很方便地将采集的数值变换为用户的工程值。

　　保存参数：选择此项后，在系统运行时，如果用户修改了此变量的域值（可读可写型），系统将自动保存修改后的域值。当系统退出后再次启动时，变量的域值保持为最后一次的记录值，无须用户再去重新定义。变量域的说明请查看在线帮助。

　　保存数值：选择此项后，在系统运行时，当变量的值发生变化后，系统将自动保存该值。当系统退出后再次启动时，变量的值保持为最后一次变化的值。

　　注：如果用户计算机是非法退出，如系统掉电等，"保存数值"功能将无效。

　　初始值：定义变量的初始值。

　　连接设备：只对 I/O 类型的变量起作用，工程人员只需从设备列表框中选择相应的设备即可。此列表框所列出的设备名是设备向导中定义的设备的逻辑名，如上述建立的 PLC1。

寄存器：指定与组态王定义的变量进行连接通信的寄存器变量名，该寄存器与工程人员指定的连接设备有关。

转换方式：规定 I/O 模拟量输入原始值到数据库使用值的转换方式。共有 4 种方式：

1）线性：用原始值和数据库使用值的线性插值进行转换。

2）开方：用原始值的二次方根进行转换。

3）非线性查表：在实际应用中，对一些模拟量的采集，如热电阻、热电偶非线性化的方法进行转换，如果采用一般的分段线性化的方法进行转换，不但要做大量的程序运算，而且还会存在很大的误差，达不到要求。在组态王中引入了通用查表的方式，进行数据的非线性转换。

4）累计算法：在组态王累计是在工程中经常用到的一种工作方式，经常用在流量、电量等计算方面。组态王的变量可以定义为自动进行数据的累计。组态王提供两种累计算法：直接累计和差值累计。累计计算时间与变量采集频率相同，对于两种累计方式均需定义累计后值的最大最小值范围，当累计后的变量数值超过最大值时，变量的数值将恢复为最小值。

① 直接累计：从设备采集的数值，经过线性转换后直接与该变量的原数值相加。计算公式为：变量值=变量值+采集的数值

示例 1：管道流量 S 计算，采集频率为 1000ms，5s 之内采集的数据经过线性转换后工程值依次为 S1=100、S2=200、S3=100、S4=50、S5=200，那么 5s 内直接累计流量结果为：S=S1+S2+S3+s4+S5，即为 650。

② 差值累计：变量在每次进行累计时，将变量实际采集到的数值与上次采集的数值求差值，对其差值进行累计计算。当本次采集的数值小于上次数值时，即差值为负时，将通过变量定义的画面中的最大值和最小值进行转化。差值累计计算公式为：

$$变量值=显示旧值+(变量本次采集新值-变量上次采集旧值)\qquad（公式一）$$

当变量新值小于变量旧值时，公式为：

$$变量值=显示旧值+ABS(变量本次采集新值-变量上次采集旧值)+(变量最大值-变量最小值)$$
$$（公式二）$$

变量最大值、变量最小值是在变量属性定义画面最大最小值中定义的变量最大值、变量最小值。

示例 2：要求如上例，变量定义画面中定义的变量初始值为 0，最大值为 300。那么 5s 之内的差值

累计流量计算为：

第 1 次：S(1)=S(0)+ABS(100−0)=100(采用公式一)。

第 2 次：S(2)=S(1)+ABS(200−100)=200(采用公式一)。

第 3 次：S(3)=S(2)+ABS(100−200)+(300−0)=600(采用公式二)。

第 4 次：S(4)=S(3)+ABS(50−100)+(300−0)=950(采用公式二)。

第 5 次：S(5)=S(4)+ABS(200−50)=1100(采用公式一)即 5s 之内的差值累计流量为 1100。

非线性查表和累计算法是两种高级数据转换方式。

数据类型：只对 I/O 类型的变量起作用，共有 8 种数据类型供用户使用，这 8 种数据类型分别是：

1）Bit：1 位，1/8 个字节范围是：0 或 1。

2）BYTE：8 位，1 个字节；范围是：0～255。

3）SHORT：16 位，2 个字节；范围是：-32768～32767。

4）USHORT：16 位，2 个字节；范围是：0～65535。

5）BCD：16 位，2 个字节；范围是：0～9999。

6）LONG：32 位，4 个字节；范围是：0～99999999。

7）LONGBCD：32 位，4 个字节；范围是：0～99999999。

8）FLOAT：32 位，4 个字节；范围是：10e-38～10e+38。

采集频率：定义数据变量的采样频率。

读写属性：定义数据变量的读写属性，工程人员可根据需要定义变量为"只读"属性、"只写"属性、"读写"属性，下面将详细说明。

1）只读：对于进行采集的变量一般定义属性为只读，其采集频率不能为 0；

2）只写：对于只需要进行输出而不需要读回的变量一般设置为只写属性。当只写变量的采集频率为 0 时，只要此变量值发生变化就会进行写操作；当采集频率不为 0 时，会不停地往下写，所以建议将只写变量的采集频率设置为 0。

3）读写：对于需要进行输出控制又需要读回的变量一般设置为读写属性。

允许 DDE 访问：组态王用 COM 组件编写的驱动程序与外围设备进行数据交换，为了使工程人员用其他程序对该变量进行访问，可通过选中此项，即可与 DDE 服务程序进行数据交换。

注：I/O 实型变量的转换方式和转换比例。

组态王软件从其他 Windows 程序（VB、EXCEL 等）获得的 DDE 变量值或从其他设备（如 PLC）获得的 I/O 变量值，称为原始值。当在数据词典中规定数据变量名字时，同时规定了最小原始值和最大原始值。

例如：若将最小原始值设为 100，则如果由 I/O 服务器接收的实际值为 95，则这个实际值被舍弃，数据库把变量的原始值自动置为 100。

当在数据词典中定义 I/O 实型或长整数变量时，还必须确定最小值和最大值，这是因为 TouchVew 不使用原始值，而使用转换后的值（也可以称为工程值）。最小原始值、最大原始值和最小值、最大值这四个数值就用来确定原始值与工程值之间的转换比例。原始值到工程值之间的转换方式有线性和平方根两种，线性方式把最小原始值到最大原始值之间的原始值，线性转换到最小值至最大值之间。平方根用原始值的平方根值进行插值。

示例 3：与 PLC 电阻器连接的流量传感器在空流时产生 0 值，在满流时产生 9999 值。如果输入如下的数值：

最小原始值=0　　　最小值=0

最大原始值=9999　最大值=100

其转换比例=(100-0)/(9999-0)≈0.01

如果原始值为 5000 时，内部使用的值为 5000×0.01=50。

示例 4：与 PLC 电阻器连接的流量传感器在空流时产生 6400 值，在 300GPM 时产生 32000 值。应当输入下列数值：

最小原始值=6400　最小值=0

最大原始值=32000　最大值=300

其转换比例=(300-0)/(32000-6400)=3/256

如果原始值为 19200 时，内部使用的值为（19200-6400）×3/256=150；原始值为 6400 时，内部使用的值为 0；原始值小于 6400 时，内部使用的值为 0。

至此，数据变量已经完全建立起来，而对于大批同一类型的变量，组态王还提供了可以快速成批定义变量的方法——即结构变量的定义。驱动程序也已经准备好了，下一章的任务将是使画面上的图素运动起来，实现一个具备动画效果的监控系统。

习题与思考题

1）组态画面的设计方法有哪些？

2）组态软件数据词典中的变量有哪些类型？

第3章
动画设计

开发者在画面开发系统中制作的画面都是静态的，那么它们如何以动画的方式来反映工业现场的状况呢？这需要通过实时数据库，因为只有实时数据库中建立的变量才与现场状况同步变化。数据库变量的变化又如何导致画面产生动画效果呢？即通过"动画连接"——所谓"动画连接"就是建立画面的图素与数据库变量的对应关系，这样，工业现场的数据，比如温度、液面高度等，当它们发生变化时，通过设备驱动将引起实时数据库中相关联变量的变化。比如画面上有一个指针图素，用户规定了它的偏转角度与一个变量关联，用户就会看到指针随工业现场数据的变化而同步偏转。

"动画连接"的引入是设计人机界面的一次技术突破，它把程序员从繁重的图形编程中解放出来，为程序员提供了标准的工业控制图形界面，并且可以通过内置的命令语言连接来增强图形动画效果。

3.1　动画连接

对于已经建立的"监控中心"，如果画面上的原料油罐图素能够随着变量"原料油液位"值的大小实时显示液位的高低，那么对于操作者来说，它就能够看到一个反映工业现场实时状况的监控画面。

3.1.1　液位示值动画设置

液位示值动画设置步骤如下：

1）在画面上双击"原料油罐"图形，弹出该对象的动画连接对话框，如图 3-1 所示。对话框设置如下：

变量名（模拟量）：\\本站点\原料油液位；

填充颜色：　　　　　绿色；

最小值：0　　　　　占据百分比：0；

最大值：100　　　　占据百分比：100。

2）单击"确定"按钮，完成原料油罐的动画连接。这样建立连接后原料油罐液位的高度将随着变量"原料油液位"的值变化而变化。

用同样的方法设置催化剂罐和成品油罐的动画连接，连接变量分别为：\\本站点\催化剂液位、\\本站点\品油液位。

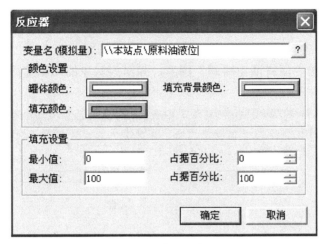

图 3-1 原料油罐动画连接对话框

作为一个实际可用的监控程序，操作者可能需要知道罐液面的准确高度而不仅是形象的表示，这个功能由"模拟值动画连接"来实现。

3）在工具箱中选择 T 工具，在原料油罐旁边输入字符串"####"，这个字符串是任意的，当工程运行时，字符串的内容将被用户需要输出的模拟值所取代。

4）双击文本对象"####"，弹出动画连接对话框，在此对话框中选择"模拟值输出"选项弹出模拟值输出连接对话框，如图 3-2 所示。

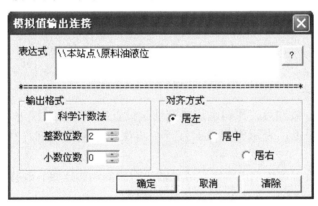

图 3-2 模拟值输出连接对话框

对话框设置如下：

表达式：\\本站点\原料油液位；

整数位数：2；

小数位数：0；

对齐方式：居左。

5）单击"确定"按钮，完成动画连接的设置。当系统处于运行状态时在文本框"####"中将显示原料油罐的实际液位值。

用同样方法设置催化剂罐和成品油罐的动画连接，连接变量分别为：\\本站点\催化剂液位、\\本站点\成品油液位。

3.1.2 阀门动画设置

阀门动画设置步骤如下：

1）在画面上双击"原料油出料阀"图形，弹出该对象的动画连接对话框，如图 3-3 所示。

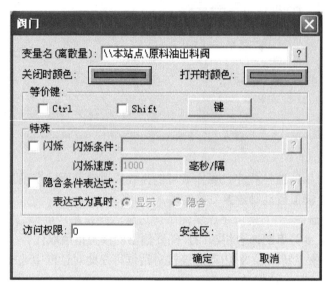

图 3-3 原料油出料阀动画连接对话框

对话框设置如下：

变量名（离散量）：\\本站点\原料油出料阀；

关闭时颜色：红色；

打开时颜色：绿色。

2）单击"确定"按钮后，原料油进料阀动画设置完毕，当系统进入运行环境时鼠标单击此阀门，其变成绿色，表示阀门已被打开，再次单击关闭阀门，从而达到了控制阀门的目的。

3）用同样方法设置催化剂出料阀和成品油出料阀的动画连接，连接变量分别为：

\\本站点\催化剂出料阀、\\本站点\成品油出料阀。

3.1.3 液体流动动画设置

前面已经提及立体管道的液体流动动画设置可以在立体管道的动画连接对话框直接设置，也可以通过其他方法设计，直接设置简单方便，为了掌握对其他方法设计，下面采用其他方法设计。

1）在数据词典中定义一个内存整型变量：

变量名：控制水流；

变量类型：内存整型；

初始值：0；

最小值：0；

最大值：100。

2）选择工具箱中的"矩形"工具，在原料油管道上画一小方块，宽度与管道相匹配，（颜色最好区分于管道的颜色）然后利用"编辑"菜单中的"拷贝""粘贴"命令复制多个小方块排成一行作为液体，如图3-4所示。

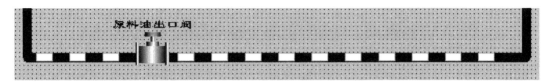

图 3-4　管道中绘制液体

3）选择所有小方块，单击鼠标右键，在弹出的下拉菜单中执行"组合拆分 \ 合成组合图素"命令将其组合成一个图素，双击此图素弹出动画连接对话框，在对话框中单击"水平移动"选项，弹出水平移动连接设置对话框，如图3-5所示。

对话框设置如下：

表达式：\\本站点\控制水流 1；

向左：0；

向右：20；

最左边：0；

最右边：20。

注：向右水平移动的距离请根据具体情况设置。

4）选择所有小方块，单击鼠标右键，在弹出的下拉菜单中执行"组合拆分 \ 合成组合图素"命令将其组合成一个图素，双击此图素弹出动画连接对话框，在对话框中单击"垂直移动"选项，弹出垂直移动连接设置对话框，如图3-6所示。

图 3-5　水平移动连接设置对话框

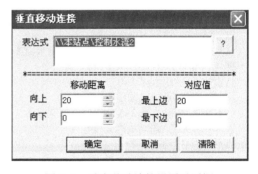

图 3-6　垂直移动连接设置对话框

对话框设置如下：

表达式：\\本站点\控制水流 2；

向上：20；

向下：0；

最上边：20；

最下边：0。

5）上述"表达式"中连接的\\本站点\控制水流变量是一个内存变量，在运行状态下如果不改变其值的话，它的值永远为初始值（即 0），那么如何改变其值，使变量能够实现控制液体流动的效果呢?在画面的任一位置单击鼠标右键，在弹出的下拉菜单中选择"画面属性"命令，在画面属性对话框中选择"命令语言"选项，弹出画面命令语言对话框，如图 3-7 所示。

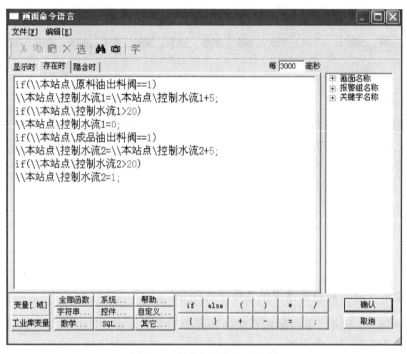

图 3-7　画面命令语言对话框

在对话框中输入如下命令语言：

```
if（\\本站点\原料油出料阀==1）
\\本站点\控制水流 1=\\本站点\控制水流 1+5;
if（\\本站点\控制水流 1>20）
\\本站点\控制水流 1=0;
if（\\本站点\成品油出料阀==1）
\\本站点\控制水流 2=\\本站点\控制水流 2+5;
if（\\本站点\控制水流 2>20）
\\本站点\控制水流 2=1;
```

6）单击"确认"按钮关闭对话框。上述命令语言是当"监控画面"存在时每隔 55ms 执行一次。当\\本站点\原料油出料阀开启时改变\\本站点\控制水流变量的值，达到了控制液体流动的目的。

7）利用此方法设置催化剂液罐水平移动设置和成品油液罐垂直移动设置管道液体流动的动画。

8）执行"文件"菜单中的"全部存"命令，保存设置参数。

9）执行"文件"菜单中的"切换到 VIEW"命令，进入运行系统，在画面中可看到液位的变化值并控制阀门的开关，从而达到了监控现场的目的，如图 3-8 所示：

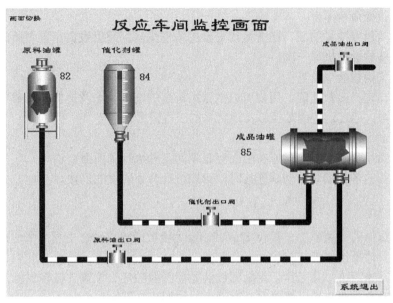

图 3-8 运行中的监控画面

3.2 命令语言

在本节将介绍命令语言特点和命令语言常用的函数。

3.2.1 命令语言概述

组态王除了在定义动画连接时支持连接表达式，还允许用户编写命令语言来扩展应用程序的功能，极大地增强了应用程序的可用性。

命令语言的格式类似 C 语言的格式，工程人员可以利用其来增强应用程序的灵活性。组态王的命令语言编辑环境已经设置好，用户只要按规范编写程序段即可，它包括：应用程序命令语言、热键命令语言、事件命令语言、数据改变命令语言、自定义函数命令语言和画面命令语言等。

命令语言的句法和 C 语言非常类似，可以说是 C 语言的一个简化子集，具有完备的词法语法查错功能和丰富的运算符、数学函数、字符串函数、控件函数、SQL 函数和系统函数。各种命令语言通过"命令语言编辑器"编辑输入并进行语法检查，在运行系统中进行编译执行。

命令语言有 6 种形式，其区别在于命令语言执行的时机或条件不同：

（1）应用程序命令语言

可以在程序启动、关闭时或在程序运行期间周期执行。如果希望周期执行，还需要指定时间间隔。

（2）热键命令语言

被链接到设计者指定的热键上，软件运行期间，操作者随时按下热键都可以启动这段命令语言程序。

（3）事件命令语言

规定在事件发生、存在、消失时分别执行的程序。离散变量名或表达式都可以作为事件。

（4）数据改变命令语言

只链接到变量或变量的域。在变量或变量的域值变化到超出数据字典中所定义的变化灵敏度时，它们就被触发执行一次。

（5）自定义函数命令语言

提供用户自定义函数功能。用户可以根据组态王的基本语法及提供的函数自己定义各种功能更强的函数，通过这些函数能够实现特殊的工程需要。

（6）画面命令语言

可以在画面显示时、隐含时或在画面存在期间定时执行画面命令语言。

在定义画面的各种图素的动画连接时，可以进行命令语言的连接。

3.2.2 实现画面切换功能

利用系统提供的"菜单"工具和 ShowPicture()函数能够实现在主画面中切换到其他任一画面的功能。具体操作如下：

1）选择工具箱中的 ▦ 工具，将鼠标放到监控画面的任一位置并按住鼠标左键画一个按钮大小的菜单对象，双击弹出菜单定义对话框，如图 3-9 所示。

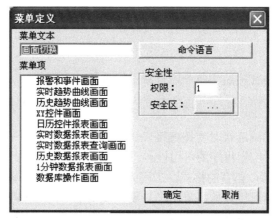

图 3-9　菜单定义对话框

对话框设置如下：

菜单文本：画面切换。

菜单项内容如下：

  报警和事件画面；

  实时趋势曲线画面；

  历史趋势曲线画面；

  XY 控件画面；

  日历控件报表画面；

  实时数据报表画面；

  实时数据报表查询画面；

  历史数据报表画面；

  1 分钟数据报表画面；

  数据库操作画面。

注："菜单项"的输入方法为：在"菜单项"编辑区单击鼠标右键，在弹出的下拉菜单中执行"新建项"命令即可编辑菜单项。菜单项中的画面是在工程后面建立的。

2）菜单项输入完毕后单击"命令语言"按钮，弹出命令语言编辑框，如图 3-10 所示，在编辑框中输入如下命令语言。

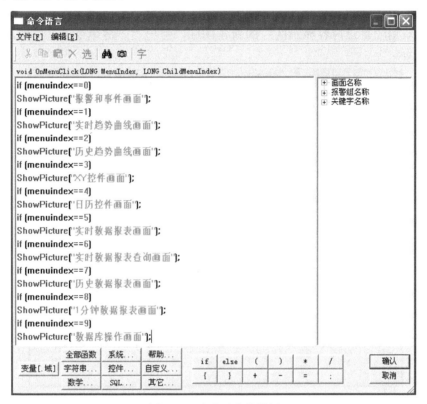

图 3-10　命令语言编辑框

3）单击"确认"按钮关闭对话框，当系统进入运行状态时单击菜单中的每一项，进入相应的画面中。

3.2.3　如何退出系统

如何退出组态王运行系统，返回到 Windows 呢？可以通过 Exit()函数来实现，实施步骤如下：

1）选择工具箱中的 🔲 工具，在画面上画一个按钮，选中按钮并单击鼠标右键，在弹出的下拉菜单中执行"字符串替换"命令，设置按钮文本为：系统退出。

2）双击按钮，弹出动画连接对话框，在此对话框中选择"弹起"时，选项弹出命令语言编辑框，在编辑框中输入如下命令语言：

```
Exit(0);
```

3）单击"确认"按钮关闭对话框，当系统进入运行状态时单击此按钮，系统将退出组态王运行环境。

3.2.4 定义热键

在实际的工业现场，为了操作的需要可能需要定义一些热键，当某键被按下时系统执行相应的控制命令。例如当按下〈F1〉键时，原料油出料阀被开启或关闭。这可以使用命令语言——热键命令语言来实现。

1）在工程浏览器左侧的"工程目录显示区"内选择"命令语言"下的"热键命令语言"选项，双击"目录内容显示区"的新建图标，弹出"热键命令语言"编辑对话框，如图 3-11 所示。

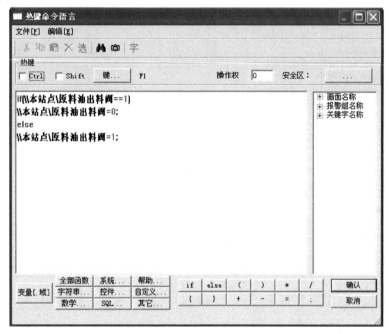

图 3-11 "热键命令语言"编辑对话框

2）在对话框中单击"键"按钮，在弹出的"选择键"对话框中选择"F1"键后关闭对话框。

3）在命令语言编辑区中输入如下命令语言：

if（\\本站点\原料油出料阀==1）
\\本站点\原料油出料阀=0;
else
\\本站点\原料油出料阀=1;

4）单击"确认"按钮关闭对话框。当系统进入运行状态时，按下〈F1〉键执行上述命令语言：首先判断原料油出料阀的当前状态，如果是开启的则将其关闭，否则将其打开，从而实现了一个二位开关的切换功能。

习题与思考题

1）请简述组态软件动画连接步骤。

2）如何实现组态软件画面切换功能？

为保证工业现场安全生产，报警和事件的产生和记录是必不可少的，"组态王"提供了强有力的报警和事件系统。组态王中的报警和事件主要包括变量报警事件、操作事件、用户登录事件和工作站事件。通过这些报警和事件用户可以方便地记录和查看系统的报警和各个工作站的运行情况。当报警和事件发生时，在报警窗中会按事先设置的过滤条件实时地显示出来。

为了分类显示产生的报警和事件，可以把报警和事件划分到不同的报警组中，在指定的报警窗口中显示报警和事件信息。

4.1 建立报警和事件窗口

4.1.1 定义报警组

定义报警组实施步骤具体如下：

1）在工程浏览器窗口左侧"工程目录显示区"中选择"数据库"中的"报警组"选项，在右侧"目录内容显示区"中双击"进入报警组"图标弹出"报警组定义"对话框，如图4-1所示。

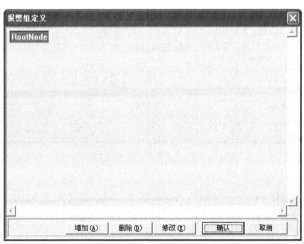

图4-1 "报警组定义"对话框

2）单击"修改"按钮，将名称为"RootNode"报警组改名为"化工厂"。

3）选中"化工厂"报警组，单击"增加"按钮增加此报警组的子报警组，名称为："反应车间"。

4）单击"确认"按钮关闭对话框，结束对报警组的设置，如图4-2所示。

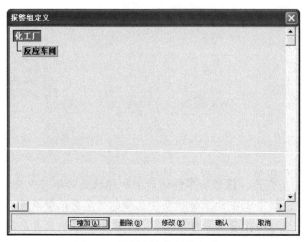

图4-2　设置完毕的报警组窗口

4.1.2　设置变量的报警属性

变量的报警属性设置具体如下：

1）在数据词典中选择"原料油液位"变量，双击此变量，在弹出的"定义变量"对话框中单击"报警定义"选项卡，如图4-3所示。

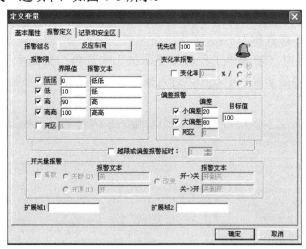

图4-3　报警属性定义窗口

对话框设置如下：

报警组名：反应车间；

低：10　原料油液位过低；

高：90　原料油液位过高；

优先级：100。

2）设置完毕后单击"确定"按钮，系统进入运行状态时，当"原料油液位"的高度低于 10 或高于 90 时系统将产生报警，报警信息将显示在 "反应车间" 报警组中。

注：报警组的划分以及报警组名称的设置是由用户根据实际情况指定。

4.1.3 建立报警窗口

报警窗口是用来显示 "组态王" 系统中发生的报警和事件信息，报警窗口分为实时报警窗口和历史报警窗口。实时报警窗口主要显示当前系统中发生的实时报警信息和报警确认信息，一旦报警恢复后将从窗口中消失。历史报警窗口中显示系统发生的所有报警和事件信息，主要用于对报警和事件信息进行查询。

报警窗口建立过程如下：

1）新建一画面，名称为：报警和事件画面，类型为：覆盖式。

2）选择工具箱中的 T 工具，在画面上输入文字：报警和事件。

3）选择工具箱中的 工具，在画面中绘制一报警窗口，如图 4-4 所示。

图 4-4 报警窗口

4）双击 "报警窗口" 对象，弹出报警窗口配置属性页对话框，如图 4-5 所示。

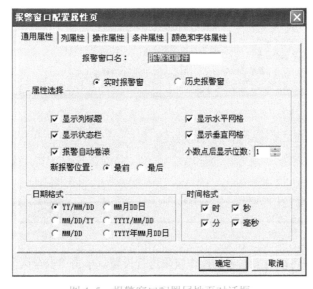

图 4-5 报警窗口配置属性页对话框

报警窗口分为五个属性页：通用属性页、列属性页、操作属性页、条件属性页、颜色和字体属性页。

通用属性页：在此属性页中用户可以设置窗口的名称、窗口的类型（实时报警窗口或历史报警窗口）、窗口显示属性以及日期和时间显示格式等。

注：报警窗口的名称必须填写，否则运行时将无法显示报警窗口。

列属性页：报警窗口中的"列属性"对话框，如图 4-6 所示。

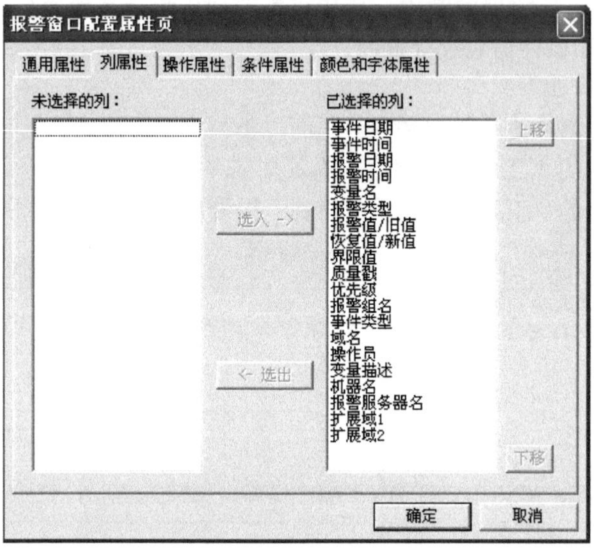

图 4-6 "列属性"窗口

在此属性页中用户可以设置报警窗中显示的内容，包括：报警日期时间显示与否、报警变量名称显示与否、报警限值显示与否、报警类型显示与否等；

操作属性页：报警窗口中的"操作属性"对话框，如图 4-7 所示。

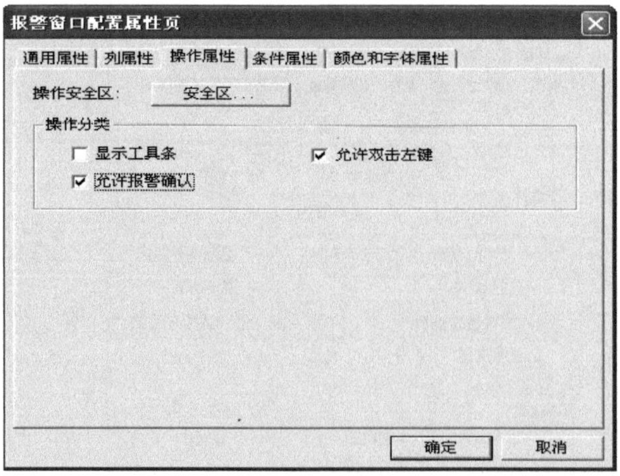

图 4-7 "操作属性"窗口

在此属性页中用户可以对操作者的操作权限进行设置。单击"安全区"按钮，在弹出的"选择安全区"对话框中选择报警窗口所在的安全区，只有登录用户的安全区包含报警窗口的操作安全区时，才可执行如下设置的操作，如：双击左键操作、工具条的操作和报警确认的操作。

条件属性页：报警窗口中的"条件属性"对话框，如图 4-8 所示。

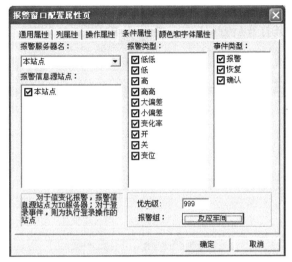

图 4-8　"条件属性"窗口

在此属性页中用户可以设置哪些类型的报警或事件发生时才在此报警窗口中显示，并设置其优先级和报警组。

优先级：999；

报警组：反应车间。

这样设置完后，满足如下条件的报警点信息会显示在此报警窗口中：

① 在变量报警属性中设置的优先级高于 999；

② 在变量报警属性中设置的报警组名为反应车间；

颜色和字体属性页：报警窗口中的"颜色和字体属性"对话框，如图 4-9 所示。

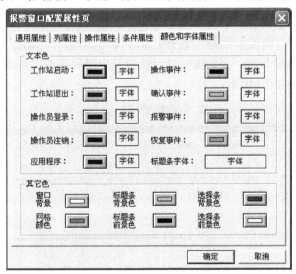

图 4-9　"颜色和字体属性"窗口

在此属性页中用户可以设置报警窗口的各种颜色以及信息的显示颜色。

报警窗口的上述属性可由用户根据实际情况进行设置。

5）单击"文件"菜单中的"全部存"命令，保存用户设置。

6）单击"文件"菜单中的"切换到 VIEW"命令，进入运行系统。系统默认运行的画面可能不是用户刚刚编辑完成的"报警和事件画面"，用户可以通过运行界面中"画面"菜单中的"打开"命令将其打开后方可运行，如图 4-10 所示。

图 4-10　运行中的画面报警窗口

4.1.4　报警窗口的操作

当系统处于运行状态时，用户可以通过报警窗口上方的工具箱对报警信息进行操作，如图 4-11 所示。

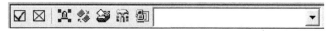

图 4-11　报警信息操作工具箱

报警确认：确认报警窗中当前选中的未经过确认的报警信息。

报警删除：删除报警窗中所有当前选中的报警信息。

更改报警类型：单击本图标，在弹出的列表框中选择当前报警窗要显示的报警类型，选择完毕后，从当前开始，报警窗只显示符合选中报警类型的报警，但不影响其他类型报警信息的产生，如图 4-12 所示。

图 4-12　更改报警类型窗口

❖ 更改事件类型：选择当前报警窗要显示的事件类型。

❖ 更改优先级：选择当前报警窗的报警优先级，如图 4-13 所示。

图 4-13　选择当前报警窗的报警优先级窗口

❖ 更改报警组：选择当前报警窗要显示的报警组，如图 4-14 所示。

图 4-14　选择当前报警窗要显示的报警组窗口

❖ 更改站点名：选择当前报警窗要显示的工作站站点的事件信息，如图 4-15 所示。

图 4-15　选择当前报警窗要显示的工作站站点的事件信息窗口

更改报警服务器名：选择当前报警窗要显示的报警服务器的报警信息。

注：只有登录用户的权限符合操作权限时才可操作此工具箱。

4.1.5 报警窗口自动弹出

使用系统提供的"$新报警"变量可以实现当系统产生报警信息时将报警窗口自动弹出，操作步骤如下：

1）在工程浏览窗口中的"工程目录显示区"中选择"命令语言"中的"事件命令语言"选项，在右侧"目录内容显示区"中双击"新建"图标，弹出"事件命令语言"对话框，设置如图4-16所示。

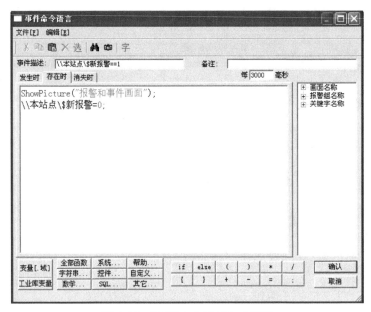

图4-16 "事件命令语言"对话框

2）单击"确认"按钮关闭对话框。当系统有新报警产生时即可弹出报警窗口。

4.2 报警和事件的输出

对于系统中的报警和事件信息不仅可以输出到报警窗口中还可以输出到文件、数据库和打印机中。此功能可通过报警配置属性窗口来实现，配置过程如下：

在工程浏览器窗口左侧的"工程目录显示区"中双击"系统配置"中的"报警配置"选项，弹出"报警配置属性页"对话框，如图4-17所示。

报警配置属性窗口分为3个属性页："文件配置""数据库配置""打印配置"。

"文件配置"：在此属性页中用户可以设置将哪些报警和事件记录到文件中以及记录的格式、记录的目录、记录时间、记录哪些报警组的报警信息等，文件记录格式如下：

示例：工作站事件文件记录：

[工作站日期：**2011 年 1 月 28 日**][工作站时间：**14 时 24 分 7 秒**] [事件类型：工作站启动] [机器名：本站点]

[工作站日期：**2011 年 1 月 28 日**] [工作站时间：**14 时 24 分 14 秒**] [事件类型：工作站退出][机器名：本站点]

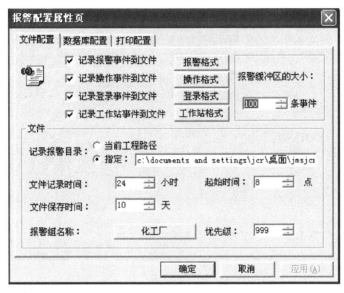

图 4-17 "报警配置属性页"对话框

注：这里提到的"文件"是组态王定义的内部文件。

"数据库配置"："数据库配置"对话框，如图 4-18 所示。

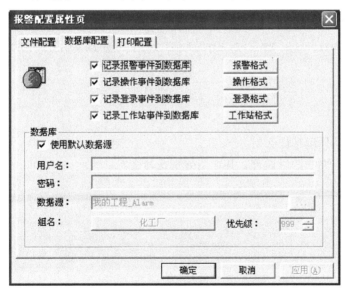

图 4-18 "数据库配置"对话框

在此属性页中用户可以设置将哪些报警和事件记录到数据库中以及记录的格式、数据源的选择、登录数据库时的用户名和密码等。

注：关于"数据源"的配置请参考第 8 章内容。

"打印配置"："打印配置"对话框，如图 4-19 所示。

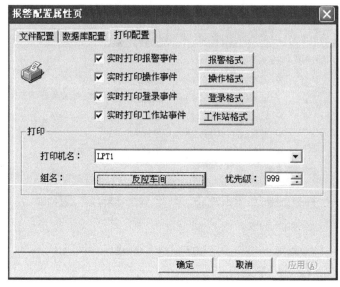

图 4-19 "打印配置"对话框

在此属性页中用户可以设置将哪些报警和事件输出到打印机中以及打印的格式、打印机的端口号等，打印输出格式如下：

示例：工作站事件打印：

<工作站日期：2011 年 1 月 28 日>/<工作站时间：14 时 24 分 7 秒>/<事件类型：工作站启动>/<机器名：本站点>

… … … …

<工作站日期：2011 年 1 月 28 日>/<工作站时间：14 时 24 分 14 秒>/<事件类型：工作站退出>/<机器名：本站点>

习题与思考题

1）报警记录的作用是什么？

2）报警窗口的属性如何设置？其作用分别是什么？

第5章
趋势曲线

　　趋势曲线是用来反映变量随时间的变化情况。趋势曲线有两种：实时趋势曲线和历史趋势曲线。这两种曲线都绘制于坐标纸，X 轴代表时间，Y 轴代表变量的量程百分比。所不同的是，在用户的画面程序运行时，实时趋势曲线随时间变化自动卷动，以快速反映变量的新变化，但是不能实现时间轴"回卷"，不能查阅变量的历史数据。历史趋势曲线可以完成历史数据的查看工作，但它不会自动卷动（如果实际需要自动卷动可以通过编程实现），需要通过带有命令语言的功能来辅助实现查阅功能。

　　在同一个实时趋势曲线窗口中最多可同时显示 4 个变量的变化情况，在同一个历史趋势曲线窗口中最多可同时显示 16 个变量的变化情况。

5.1　实时趋势曲线

实时趋势曲线定义过程如下：

1）新建一画面命名为：实时趋势曲线画面。

2）选择工具箱中的 T 工具，在画面上输入文字：实时趋势曲线。

3）选择工具箱中的 ⬚ 工具，在画面上绘制一实时趋势曲线窗口，如图 5-1 所示。

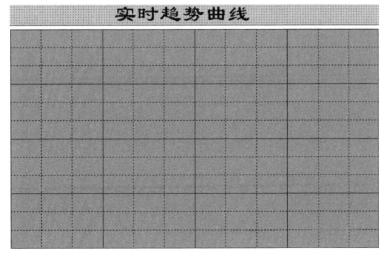

图 5-1　实时趋势曲线窗口

双击"实时趋势曲线"对象，弹出"实时趋势曲线"设置对话框，如图 5-2 所示。

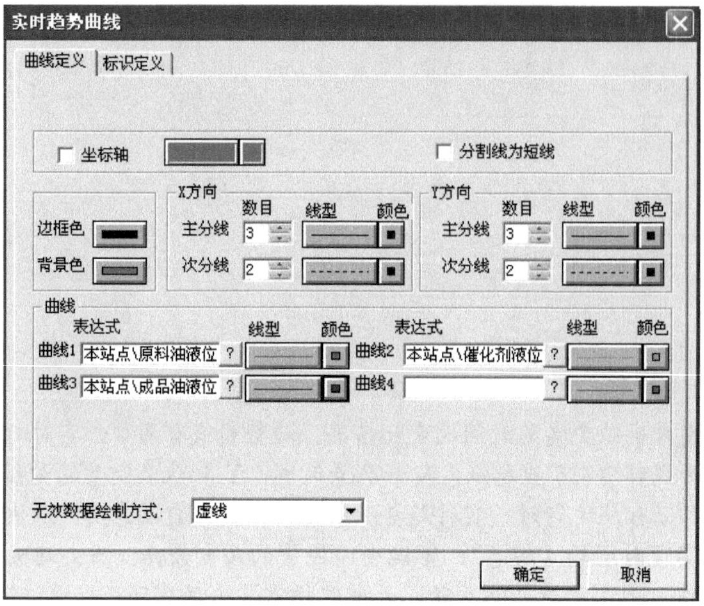

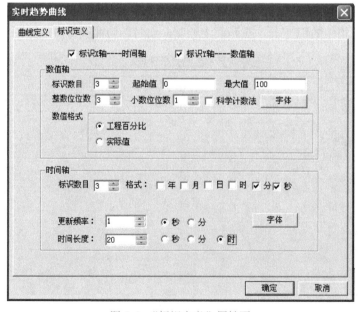

图 5-2 "实时趋势曲线"设置对话框

实时趋势曲线设置对话框分为两个属性页："曲线定义"属性页和"标识定义"属性页。

"曲线定义"属性页：在此属性页中用户不仅可以设置曲线窗口的显示风格，还可以设置趋势曲线中所要显示的变量。单击"曲线 1"编辑框后的"?"按钮，在弹出的"选择变量名"对话框中选择变量\\本站点\原料油液位，曲线颜色设置为：红色。

"标识定义"属性页：标识定义属性页，如图 5-3 所示。

图 5-3 "标识定义"属性页

在此属性页中用户可以设置数值轴和时间轴的显示风格。

设置如下：

标识 X 轴——时间轴：有效；

标识 Y 轴——数值轴：有效；

起始值：0；

最大值：100；

时间轴：分、秒有效；

更新频率：1 秒；

时间长度：20 时；

4）设置完毕后单击"确定"按钮关闭对话框。

5）单击"文件"菜单中的"全部存"命令，保存用户设置。

6）单击"文件"菜单中的"切换到 VIEW"命令，进入运行系统，通过运行界面中"画面"菜单中的"打开"命令将"实时趋势曲线"画面打开后可看到连接变量的实时趋势曲线，如图 5-4 所示。

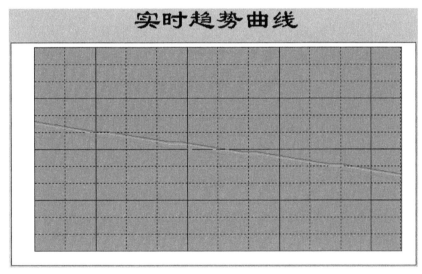

图 5-4 运行中的实时趋势曲线

5.2 历史趋势曲线

5.2.1 历史趋势曲线简介

组态王目前有三种历史趋势曲线，工具箱上的、图库内的以及新增的一种 KVHTrend 曲线控件。第三种控件是组态王以 Active X 控件形式提供的取组态王数据库中的数据绘制历史曲线和取 ODBC 数据库中的数据绘制曲线的工具。通过该控件，不但可以实现历史曲线的绘制，还可以实现 ODBC 数据库中数据记录的曲线绘制，而且在运行状态下，可以实现在线动态增加/删除曲线、曲线图表的无级缩放、曲线的动态比较、曲线的打印等。该曲线控件最多可以绘制 16 条曲线。

对于历史趋势曲线，组态王提供了相关的控制函数，用户应用这些控制函数，可以实现曲线的一些增强的功能。

5.2.2　设置变量的记录属性

对于要以历史趋势曲线形式显示的变量，必须设置变量的记录属性，设置过程如下：

1）在工程浏览窗口左侧的"工程目录显示区"中选择"数据库"中的"数据词典"选项，在"数据词典"中选择变量\\本站点\原料油液位，双击此变量，在弹出的"定义变量"对话框中单击"记录和安全区"属性页，如图5-5所示。

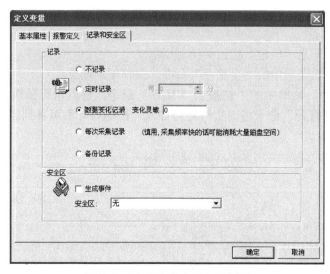

图5-5　"记录和安全区"属性页

设置变量\\本站点\原料油液位的记录类型为：数据变化记录，变化灵敏为：0。

2）设置完毕后单击"确定"按钮关闭对话框。

5.2.3　定义历史数据文件的存储目录

1）在工程浏览器窗口左侧的"工程目录显示区"中双击"系统配置"中的"历史数据记录"选项，弹出"历史库配置"对话框，选择"运行时启动历史数据记录"，选择"历史库"，如图5-6所示。

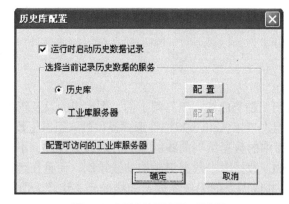

图5-6　"历史库配置"对话框

2）单击"历史库"中的"配置"按钮，弹出"历史记录配置"对话框，如图 5-7 所示。

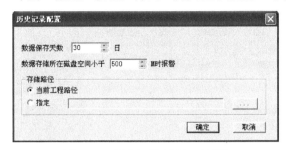

图 5-7　"历史记录配置"对话框

该对话框设置如下：

数据保存天数：30 日；

数据存储所在磁盘空间小于 500M 时报警；

存储路径：当前工程路径。

3）设置完毕后，单击"确定"按钮关闭对话框。当系统进入运行环境时"历史记录服务器"自动启动，将变量的历史数据以文件的形式存储到当前工程路径下，这些文件将在当前工程路径下保存 30 天。

5.2.4　创建历史曲线控件

历史趋势曲线创建过程如下：

1）新建一画面，名称为：历时趋势曲线画面。

2）选择工具箱中的 T 工具，在画面上输入文字：历史趋势曲线。

3）选择工具箱中的 工具，在画面中插入通用控件窗口中的"历史趋势曲线"控件，如图 5-8 所示。

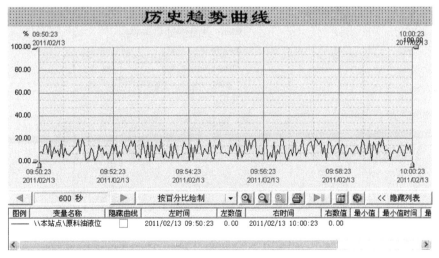

图 5-8　历史趋势曲线窗口

注：若想显示历史趋势曲线窗口下方的"工具条"和"列表框"必须将窗口拉伸到足够大。

选中此控件，单击鼠标右键在弹出的下拉菜单中执行"控件属性"命令，弹出控件属性对话框，如图 5-9 所示。

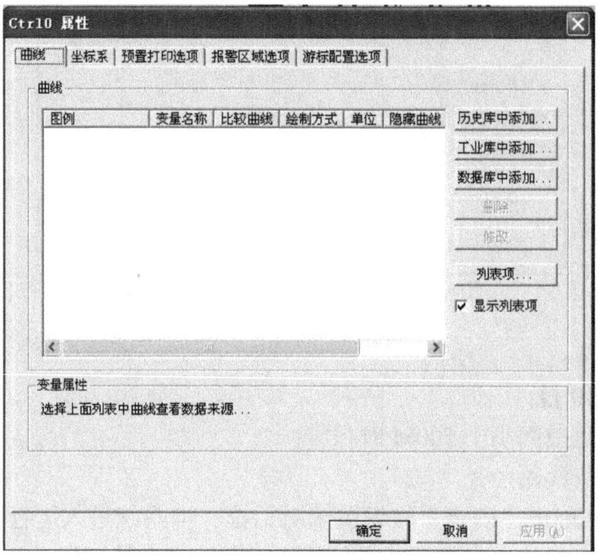

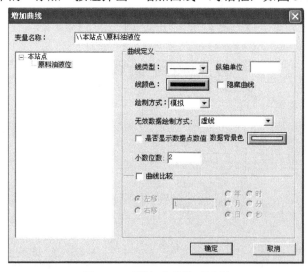

图 5-9　历史趋势曲线控件属性对话框

历史趋势曲线属性窗口分为五个属性页："曲线"属性页、"坐标系"属性页、"预置打印选项"属性页、"报警区域选项"属性页、"游标配置选项"属性页。

"曲线"属性页：在此属性页中用户可以利用"添加"按钮添加历史曲线变量，并设置曲线的采样间隔（即：在历史曲线窗口中绘制一个点的时间间隔）。

单击此属性页中的"添加"按钮弹出"增加曲线"对话框，如图 5-10 所示。

图 5-10　"增加曲线"对话框

单击"本站点"左侧的"-"符号，系统将工程中所有设置了记录属性的变量显示出来，选择"原料油液位"变量后，此变量自动显示在"变量名称"后面的编辑框中。其他属性设置如下：

绘制方式：模拟。

数据来源：使用组态王数据历史库。

单击"确定"按钮后关闭此窗口，设置的结果会显示在图 5-9 所示的窗口中。

"坐标系"属性页：历史曲线控件中的"坐标系"属性页对话框，如图 5-11 所示。

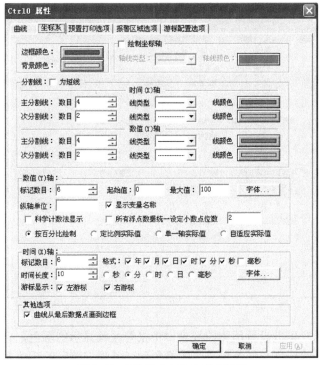

图 5-11　"坐标系"属性页对话框

在此属性页中用户可以设置历史曲线控件的显示风格如：历史曲线控件背景颜色、坐标轴的显示风格、数值轴、时间轴的显示格式等。在"数值轴"中如果"按百分比绘制"被选中后历史曲线变量将按照百分比的格式显示，否则按照实际数值显示历史曲线变量。

"预置打印选项"属性页：历史曲线控件中的"预置打印选项"属性页对话框，如图 5-12 所示。

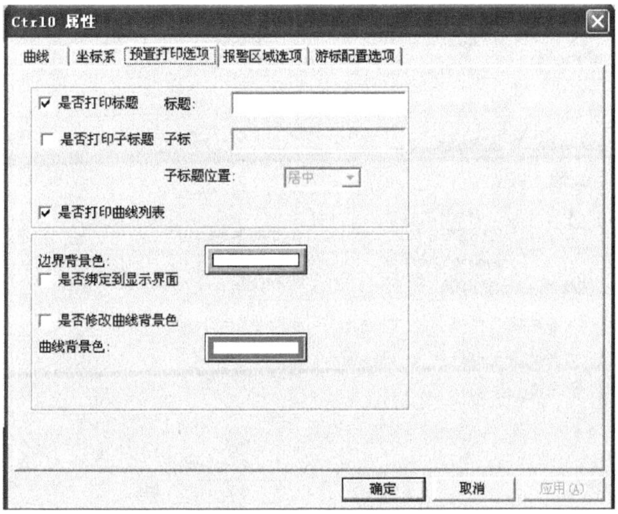

图 5-12　"预置打印选项"属性页对话框

在此属性页中用户可以设置历史曲线控件的打印格式及打印的背景颜色。

"报警区域选项"属性页：历史曲线控件中的"报警区域选项"属性页对话框，如图 5-13 所示。

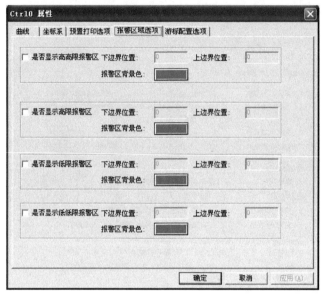

图 5-13 "报警区域选项"属性页对话框

在此属性页中用户可以设置历史曲线窗口中报警区域显示的颜色，包括：高高限报警区的颜色、高限报警区的颜色、低限报警区的颜色和低低限报警区的颜色及各报警区颜色显示的范围。通过报警区颜色的设置使用户对变量的报警情况一目了然。

"游标配置选项"属性页：历史曲线控件中的"游标配置选项"属性页对话框，如图 5-14 所示。

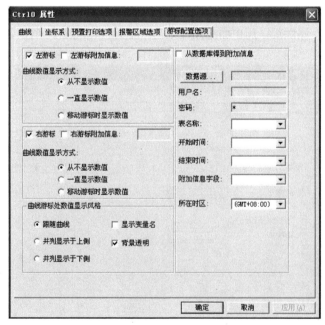

图 5-14 "游标配置选项"属性页对话框

　　在此属性页中用户可以设置历史曲线窗口左右游标在显示数值时的显示风格及显示的附加信息，附加信息的设置不仅可以在编辑框中输入静态信息还可使用 ODBC 从任何第三方数据库中得到动态的附加信息。

　　上述属性可由用户根据实际情况进行设置。

　　4）单击"确定"按钮完成历史曲线控件编辑工作。

　　5）执行"文件"菜单中的"全部存"命令，保存用户设置。

　　6）执行"文件"菜单中的"切换到 VIEW"命令，进入运行系统。系统默认运行的画面可能不是用户刚刚编辑完成的"历史趋势曲线画面"，用户可以通过运行界面中"画面"菜单中的"打开"命令将其打开后方可运行，如图 5-15 所示。

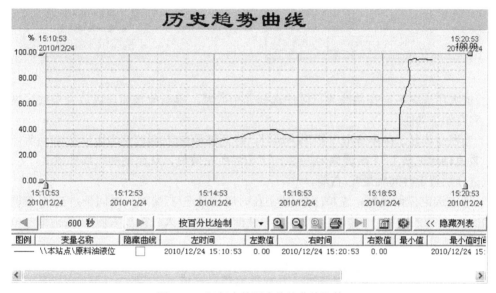

图 5-15　运行中的历史趋势曲线控件

5.2.5　运行时修改控件属性

（1）数据轴指示器的使用

　　数据轴指示器又称数据轴游标，拖动数值轴（Y 轴）指示器，可以放大或缩小曲线在 Y 轴方向的长度，一般情况下，该指示器标记为变量量程的百分比。

（2）时间轴指示器的使用

　　时间轴指示器又称时间轴游标，拖动时间轴指示器可以获得曲线与时间轴指示器焦点的具体时间，可以配合 HTGetValueAtScooter 函数获得曲线与时间轴指示器焦点的数值。

（3）工具条的使用

　　利用历史趋势曲线窗口中的工具条用户可以查看变量过去任一段时间的变化趋势以及对曲线进行放大、缩小、打印等操作。工具条如图 5-16 所示。

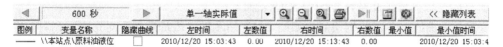

图 5-16　历史趋势曲线窗口中的工具条

时间跨度设置按钮：单击此按钮弹出时间跨度设置对话框，如图 5-17 所示。

在对话框中输入时间跨度值如：1 分钟。单击"确定"按钮后关闭此窗口，当用户单击" ◀ "或" ▶ "按钮时会向前或向右移动一个时间跨度（即 1 分钟）。

设置 Y 轴标记：设置趋势曲线显示风格，以百分比格式显示或以实际值格式显示，如图 5-18 所示。

图 5-17　时间跨度设置对话框

图 5-18　设置趋势曲线显示风格对话框

放大所选区域：在曲线显示区中选择一个区域，单击此按钮可以放大当前区域中的曲线。它有如下功能：

1）当在曲线显示区中选取了矩形区域时，时间轴最左/右端调整为矩形左/右边界所在的时间，数值轴标记最上/下端调整为矩形上/下边界所在数值，从而使曲线局部放大，左/右指示器位置分别置于时间轴最左/右端。

2）当未选定任何区域，左/右指示器不在时间轴最左/右端时，时间轴最左/右端调整为左/右指示器所在的时间，数值轴不变，从而使曲线局部放大。经放大后左/右指示器位置分别置于时间轴最左/右端。

3）当未选定任何区域，左/右指示器在时间轴最左/右端时，时间轴宽度调整为原来的一半，保持中心位置不变，数值轴不变，从而使曲线局部放大，经放大后左/右指示器位置分别置于时间轴最左/右端。

缩小所选区域：在曲线显示区中选择一个区域，单击此按钮可以缩小当前区域中的曲线。它有如下功能：

1）当在曲线显示区中选取了矩形区域时，矩形左/右边界所在的时间调整为时间轴最左/右端所在的时间，矩形上/下边界所在数值调整为数值轴最上/下端所在数值，从而使曲线局部缩小。经缩小后左/右指示器位置分别置于时间轴最左/右端；

2）当未选定任何区域，左/右指示器不在时间轴最左/右端时，左/右指示器所在的时间调整为时间轴最左/右端所在的时间，数值轴不变，从而使曲线局部缩小。经缩小后左/右指示器位置分别置于时间轴最左/右端；

3）当未选定任何区域，左/右指示器在时间轴最左/右端时，时间轴宽度调整为原来的 2 倍，保持中心位置不变，数值轴不变，从而使曲线局部缩小。经缩小后左/右指示器位置分别置于时间轴最左/右端。

打印窗口：单击此按钮打印当前曲线窗口。

定义新曲线：单击此按钮弹出如图 5-10 所示的"增加曲线"对话框，在对话框中定义新的曲线。

将时间轴右端设为当前时间：单击此按钮将历史趋势曲线窗口时间轴右端的时间

设置为当前时间。

设置参数：单击此按钮弹出参数设置对话框，如图 5-19 所示。

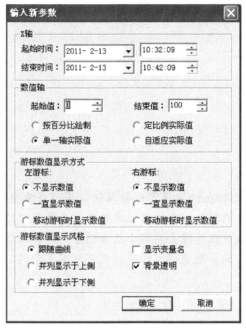

图 5-19 参数设置对话框

在此对话框中输入历史趋势曲线窗口的起止时间（即想查询历史曲线的时间）、数值轴的量程范围及游标显示风格等。

显示/隐藏列表：单击此按钮可显示或隐藏变量列表区。

（4）变量列表区

变量列表区主要用于显示变量的信息，包括：变量名称、变量的最大值、最小值、平均值以及动态显示隐藏指定的曲线等。

在变量列表区上单击右键弹出下拉菜单，如图 5-20 所示：
通过此下拉菜单可对历史曲线窗口中的曲线进行编辑。

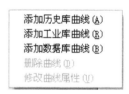

图 5-20 变量列表区下拉菜单

习题与思考题

1）请简述历史趋势曲线的作用和意义。

2）如何修改历史趋势曲线的控件属性？

第6章

控件

控件可以作为一个相对独立的程序单位被其他应用程序重复调用。控件的接口是标准的，凡是满足这些接口条件的控件，包括第三方软件供应商开发的控件，都可以被组态王直接调用。组态王中提供的控件在外观上类似于组合图素，工程人员只需把它放在画面上，然后配置控件的属性进行相应的函数连接，控件就能完成其复杂的功能。

6.1 使用 XY 控件

下面利用 XY 控件显示原料油液位与原料油罐压力之间的关系曲线，操作过程如下：

1）新建一画面，名称为：XY 控件画面。

2）选择工具箱中的 T 工具，在画面上输入文字：XY 控件。

3）单击工具箱中的 ▦ 工具，在弹出的创建控件窗口中双击"趋势曲线"类中的"X-Y 轴曲线"控件，在画面上绘制 XY 曲线控件窗口，如图 6-1 所示。

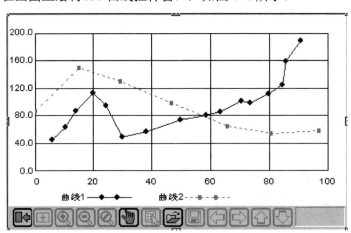

图 6-1 XY 曲线控件窗口

4）选中并双击此控件，弹出 XY 控件属性设置对话框，如图 6-2 所示。

在此窗口中用户可对控件的名称（名称设置为：控件 1）及控件窗口的显示风格进行设置。为使 XY 曲线控件实时反应变量值，需要为该控件添加命令语言。在"画面命令语言"中输入如图 6-3 所示脚本语言。

图 6-2　XY 控件属性设置对话框

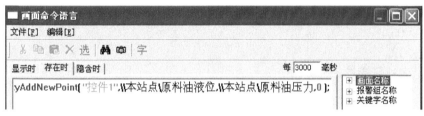

图 6-3　"画面命令语言"中输入脚本语言

5）执行"文件"菜单中的"全部存"命令，保存用户设置。

6）执行"文件"菜单中的"切换到 VIEW"命令，进入运行系统。运行此画面，如图 6-4 所示。

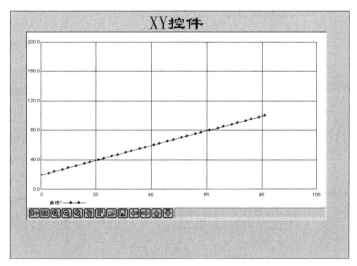

图 6-4　运行中的 XY 控件

6.2　Active X 控件

组态王除了支持本身提供的各种控件外，还支持 Windows 标准的 Active X 控件，包括 Microsoft 提供的标准 Active X 控件和用户自制的 Active X 控件（如第 5 章到的 KVTHREND 控件）。Active X 控件的引入很大程度上方便了用户，用户可以灵活地编制一个满足自身需要的控件或调用一个已有的标准控件来完成一项复杂的任务，而无须在组态王中做大量的复杂的工作。一般的控件都具有属性、方法、事件，用户可通过设置控件的这些属性、事件、方法来完成工作。

日历控件是 Active X 控件其中的一种，利用日历控件可实现在组态王中设置任一时间的功能，操作过程如下：

1）在工程浏览器窗口的数据词典中定义三个内存实型变量：

① 变量名：年变量。

变量类型：内存实型。

最小值：0。

最大值：10000。

② 变量名：月变量。

变量类型：内存实型。

最小值：0。

最大值：12。

③ 变量名：日变量。

变量类型：内存实型。

最小值：0。

最大值：31。

2）新建一画面，名称为：日历控件画面。

3）单击工具箱中的 工具，在弹出的 通用控件窗口中选择如下控件，如图 6-5 所示。

图 6-5　通用控件窗口对话框

4）单击"确定"按钮，在画面中绘制一日历控件，如图 6-6 所示。

5）双击此控件弹出"动画连接属性"对话框，如图 6-7 所示。

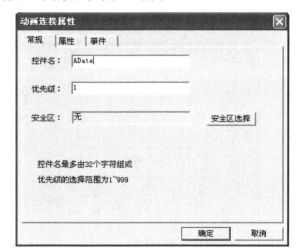

图 6-6　日历控件　　　　　　　　　　图 6-7　"动画连接属性"对话框

控件属性设置如下：

控件名：ADate。

6）双击"事件"属性卡中的"CloseUp"事件，在弹出的事件命令语言对话框中输入如下命令语言，如图 6-8 所示。

图 6-8　事件命令语言对话框

7）关闭对话框，在画面中添加三个文本框，在文本框的"模拟量值输出"动画中分别连接变量\\本站点\年变量、\\本站点\月变量、\\本站点\日变量，分别显示在日历控件中选择日期的年、月、日。

8）执行"文件"菜单中的"全部存"命令，保存用户设置。

9）执行"文件"菜单中的"切换到 VIEW"命令，进入运行系统。运行此画面，如图 6-9 所示。

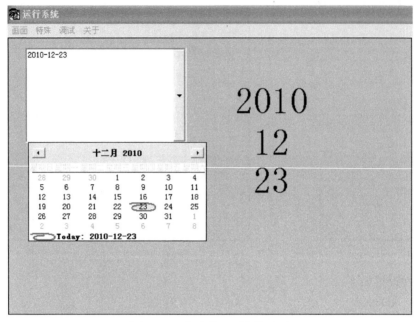

图 6-9　运行中的日历控件画面

单击控件中的下拉按钮，在下拉框中选择设定的日期后，日期的年、月、日分别显示在变量\\本站点\\年变量、\\本站点\\月变量、\\本站点\\日变量所连接的文本框中。

习题与思考题

1）XY 控件属性设置的基本步骤有哪些？

2）如何利用 ActiveX 控件实现设置时间功能？

数据报表是反映生产过程中的过程数据、运行状态等信息，并对数据进行记录、统计的一种重要工具，也是生产过程必不可少的一个重要环节。它既能反映系统实时的生产情况又能对长期的生产过程数据进行统计、分析，使管理人员能够掌握和分析生产过程情况。组态王提供内嵌式数据报表系统，工程人员可以任意设置报表格式，对报表进行组态。组态王为工程人员提供了丰富的报表函数，实现各种运算、数据转换、统计分析、报表打印等，既可以制作实时报表又可以制作历史报表。另外，工程人员还可以制作各种报表模板，实现多次使用，以免重复工作。

7.1 实时数据报表

7.1.1 创建实时数据报表

实时数据报表创建过程如下：

1）新建一画面命名为：实时数据报表画面。

2）选择工具箱中的 T 工具，在画面上输入文字：实时数据报表。

3）选择工具箱中的 工具，在画面上绘制一实时数据报表窗口，"报表工具箱"会自动显示出来，如图 7-1 所示。

4）双击窗口的灰色部分，弹出"报表设计"对话框，如图 7-2 所示。

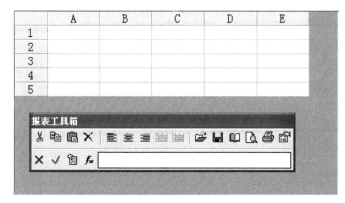

图 7-1 实时数据报表窗口

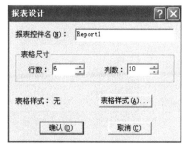

图 7-2 "报表设计"对话框

对话框设置如下：

报表控件名：Reportl。

行数：6。

列数：10。

5）输入静态文字：选中 A1 到 J1 的单元格区域，执行"报表工具箱"中的"合并单元格"命令并在合并完成的单元格中输入："实时数据报表演示"。

利用同样方法输入其他静态文字，如图 7-3 所示。

图 7-3　实时数据报表窗口中的静态文字

6）插入动态变量：合并 B2 和 C2 单元格，并在合并完成的单元格中输入：=\\本站点\\$日期。（变量的输入可以利用"报表工具箱"中的"插入变量"按钮实现）。

利用同样方法输入其他动态变量，如图 7-4 所示。

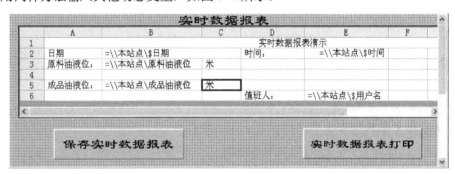

图 7-4　设置完毕的报表窗口

注：如果变量名前没有添加"="符号，此变量将被当作静态文字来处理。

7）执行"文件"菜单中的"全部存"命令，保存用户设置。

8）执行"文件"菜单中的"切换到 VIEW"命令，进入运行系统。系统默认运行的画面可能不是用户刚刚编辑完成的"实时数据报表"画面，用户可以通过运行界面中"画面"菜单中的"打开"命令将其打开后方可运行，如图 7-5 所示。

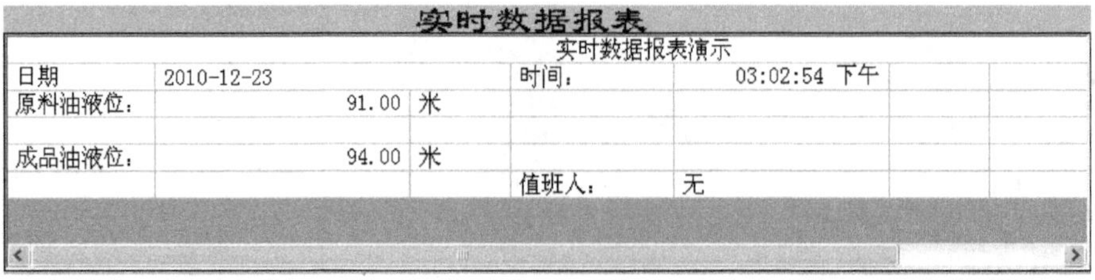

图 7-5　运行中的实时数据报表

7.1.2　实时数据报表打印

实时数据报表打印设置过程如下：

1）在"实时数据报表画面"中添加一按钮，按钮文本为：实时数据报表打印。

2）在按钮的弹起事件中输入如下命令语言，如图 7-6 所示。

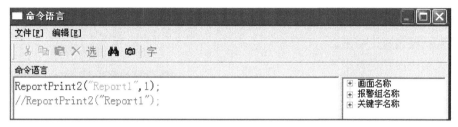

图 7-6　实时数据报表打印命令语言

3）单击"确认"按钮关闭命令语言编辑框。当系统处于运行状态时，单击此按钮数据报表将被打印出来。

7.1.3　实时数据报表的存储

实现以当前时间作为文件名将实时数据报表保存到指定文件夹下的操作过程如下：

1）在当前工程路径下建立一文件夹：实时数据文件夹。

2）在"实时数据报表"画面中添加一按钮，按钮文本为：保存实时数据报表。

3）在按钮的弹起事件中输入如下命令语言，如图 7-7 所示。

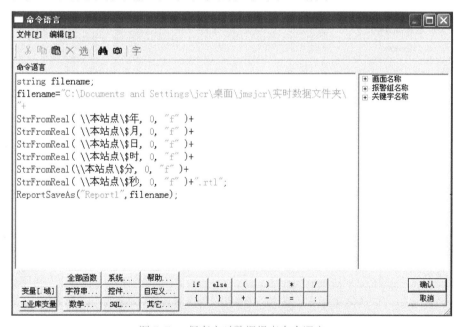

图 7-7　保存实时数据报表命令语言

4）单击"确认"按钮关闭命令语言编辑框。当系统处于运行状态时，单击此按钮数据报表将以当前时间作为文件名保存实时数据报表。

7.1.4 实时数据报表的查询

利用系统提供的命令语言可将实时数据报表以当前时间作为文件名保存在指定的文件夹中，对于已经保存到文件夹中的报表文件如何在组态王中进行查询呢？可利用组态王提供的下拉式组合框与一报表窗口控件可以实现上述功能。下面将介绍一下实时数据报表的查询过程：

1）在工程浏览器窗口的数据词典中定义一个内存字符串变量：

变量名：报表查询变量。

变量类型：内存字符串。

初始值：空。

2）新建一画面，名称为：实时数据报表查询画面。

3）选择工具箱中的 T 工具，在画面上输入文字：实时数据报表查询。

4）选择工具箱中的 工具，在画面上绘制一实时数据报表窗口，控件名称为：Report2。

5）选择工具箱中的工具，在画面上插入一下拉式组合框控件，控件属性设置如图 7-8 所示。

图 7-8 下拉式组合框控件属性设置

6）在画面中单击鼠标右键，在画面属性的命令语言中输入如下命令语言，如图 7-9 所示。

图 7-9 报表文件在下拉式组合框中显示的命令语言

上述命令语言的作用是将已经保存到 "C：\Documents and Settings\jcr\桌面\jmsjcr\实时数据文件夹\" 中的实时报表文件名称在下拉式组合框中显示出来。

7）在画面中添加一按钮，按钮文本为：实时数据报表查询。

8）在按钮的弹起事件中输入如下命令语言，如图 7-10 所示。

图 7-10　查询下拉式组合框中选中的报表文件的命令语言

上述命令语言的作用是将下拉式组合框中选中的报表文件的数据显示在 Report2 报表窗口中，其中\\本站点\报表查询变量保存了下拉式组合框中选中的报表文件名。

9）设置完毕后执行"文件"菜单中的"全部存"命令，保存用户设置。

10）执行"文件"菜单中的"切换到 VIEW"命令，运行此画面。当用户单击下拉式组合框控件时保存在指定路径下的报表文件全部显示出来，选择任一报表文件名，单击"实时数据报表查询"按钮后此报表文件中的数据会在报表窗口中显示出来，从而达到了实时数据报表查询的目的。

7.2　历史数据报表

7.2.1　创建历史数据报表

历史数据报表创建过程如下：

1）新建一画面，名称为：历史数据报表画面。

2）选择工具箱中的 T 工具，在画面上输入文字：历史数据报表。

3）选择工具箱中的 工具，在画面上绘制一历史数据报表窗口，控件名称为：Report5，并设计表格，如图 7-11 所示。

7.2.2　历史数据报表查询

利用组态王提供的 ReportSetHistData2 函数可实现历史报表查询功能，设置过程如下：

1）在画面中添加一按钮，按钮文本为：历史数据报表查询。

2）在按钮的弹起事件中输入如下命令语言，如图 7-12 所示。

3）设置完毕后执行"文件"菜单中的"全部存"命令，保存用户设置。

4）执行"文件"菜单中的"切换到 VIEW"命令，运行此画面。单击"历史数据报表查询"按钮，弹出"报表历史查询"对话框，如图 7-13 所示。

图 7-11 历史数据报表设计

图 7-12 历史数据报表查询命令语言

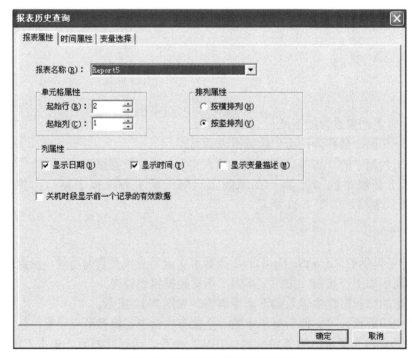

图 7-13 "报表历史查询"对话框

报表历史查询对话框分三个属性页:"报表属性""时间属性""变量属性"。

"报表属性":在报表属性页中用户可以设置报表查询的显示格式,此属性页设置如图 7-13 所示。

"时间属性":在时间属性页中用户可以设置查询的起止时间以及查询的时间间隔,如图 7-14 所示。

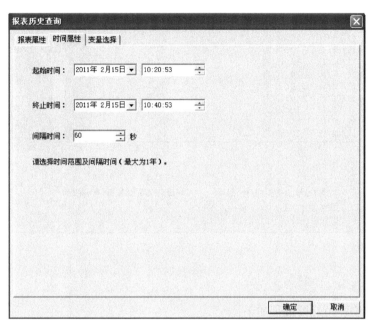

图 7-14 报表历史查询窗口中的时间属性页

"变量选择":在变量属性页中用户可以选择欲查询历史数据的变量,如图 7-15 所示。

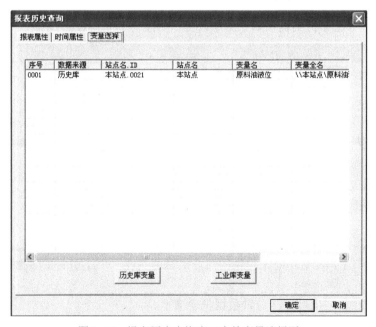

图 7-15 报表历史查询窗口中的变量选择页

5）设置完毕后单击"确定"按钮，原料油液位变量的历史数据即可显示在历史数据报表控件中，从而达到了查询历史数据的目的，如图 7-16 所示。

图 7-16　查询历史数据

7.2.3　历史数据报表刷新

历史数据报表刷新设置过程如下：

1）在历史数据报表画面中选中历史报表窗口，并利用报表工具箱中的"保存"按钮将历史数据报表保存成一个报表模板存储在当前工程路径下（扩展名为 .rtl）。

2）在历史数据报表画面中添加一按钮，按钮文本为：历史数据报表刷新。

3）在按钮的弹起事件中输入如下命令语言，如图 7-17 所示。

图 7-17　历史数据报表刷新命令语言

4）设置完毕后单击"文件"菜单中的"全部存"命令，保存用户设置。

5）当系统处于运行状态时，单击此按钮刷新历史数据报表窗口。

7.2.4　历史数据报表的其他应用

利用报表窗口工具结合组态王提供的命令语言可实现一个 1 分钟的数据报表，设置过程如下：

1）新建一画面，名称为：1 分钟数据报表演示。

2）选择工具箱中的 T 工具，在画面上输入文字：1 分钟数据报表。

3）选择工具箱中的 🔲 工具，在画面上绘制一报表窗口（63 行 5 列），控件名称为：Report6，并设计表格，如图 7-18 所示。

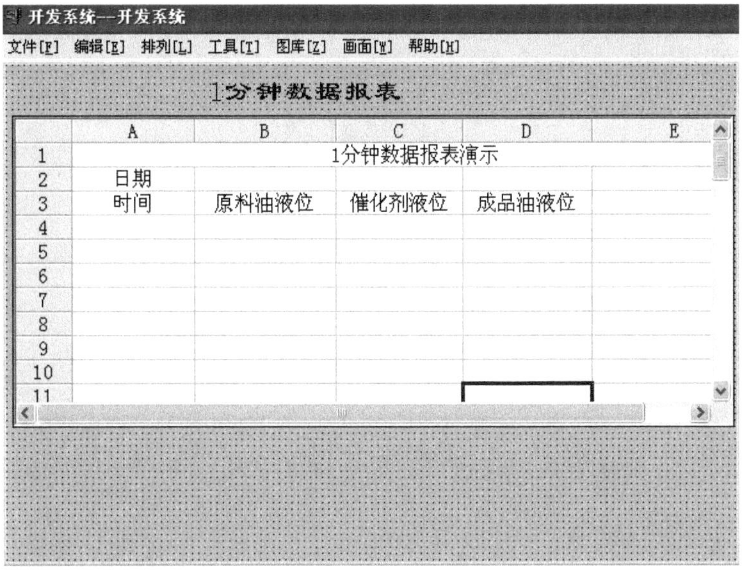

图 7-18　1 分钟数据报表设计

4）在工程浏览器窗口左侧"工程目录显示区"中选择"命令语言"中的"数据改变命令语言"选项，在右侧"目录内容显示区"中双击"新建"图标，在弹出的编辑框中输入如下脚本语言，如图 7-19 所示。

图 7-19　数据改变命令语言

上述命令语言的作用是将\\本站点\原料油液位变量每秒钟的数据自动写入报表控件中。

5）设置完毕后执行"文件"菜单中的"全部存"命令，保存用户设置。

6）执行"文件"菜单中的"切换到 VIEW"命令，运行此画面。系统自动将数据写入报表控件中，如图 7-20 所示。

图 7-20 1 分钟数据报表查询

习题与思考题

1）报表的作用是什么？

2）给出组态王中组态报表的基本步骤。

第8章
组态王与数据库连接

组态王 SQL 访问功能能够实现组态王和其他外部数据库（通过 ODBC 访问接口）之间的数据传输。它包括组态王的 SQL 访问管理器和相关的 SQL 函数。

SQL 访问管理器用来建立数据库字段和组态王变量之间的联系，包括"表格模板"和"记录体"两部分。通过表格模板在数据库表中建立相应的表格；通过记录体建立数据库字段和组态王之间的联系。同时允许组态王通过记录体直接操作数据库中的数据。

8.1 SQL 访问管理

8.1.1 创建数据源及数据库

首先外建一个数据库，这里选用 Access 数据库（路径：D:\PEIXUN，数据库名为：mydb.mdb）。然后，用 Windows 控制面板中自带的 ODBC Data Sources（32bit）管理工具新建一个 Microsoft AccessDriver（*.mdb）驱动的数据源，名为：mine，然后配置该数据源，指向刚才建立的 Access 数据库（即 mydb.mdb），如图 8-1 所示。

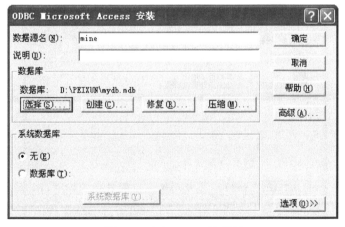

图 8-1　建立 ODBC 数据源

8.1.2 创建表格模板

1）在工程浏览器窗口左侧"工程目录显示区"中选择"SQL 访问管理器"中的"表格

模板"选项，在右侧"目录内容显示区"中双击"新建"图标弹出"创建表格模板"对话框，在对话框中建立三个字段，如图 8-2 所示。

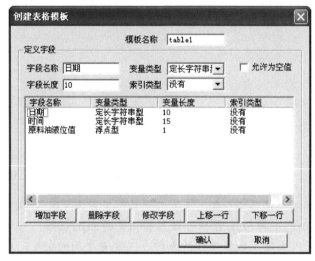

图 8-2 "创建表格模板"对话框

2）单击"确认"按钮完成表格模板的创建。

建立表格模板的目的是定义数据库格式，在后面用到 SQLCreatlTable()函数时仍以此格式在 Access 数据库中自动建立表格。

8.1.3 创建记录体

1）在工程浏览器窗口左侧"工程目录显示区"中选择"SQL 访问管理器"中的"记录体"选项，在右侧"目录内容显示区"中双击"新建"图标弹出"创建记录体"对话框，对话框设置如图 8-3 所示：

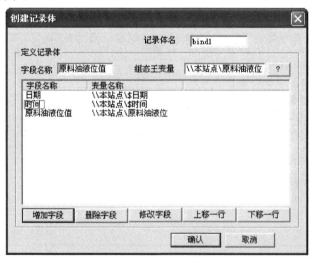

图 8-3 "创建记录体"对话框

记录体中定义了 Access 数据库表格字段与组态王变量之间的对应关系，对应关系如表 8-1 所示。

表 8-1 Access 数据库表格字段与组态王变量之间的对应关系

表 8-1 Access 数据库表格字段与组态王变量之间的对应关系

Access 数据库表格字段	组态王变量
日期字段	\\本站点\$日期
时间字段	\\本站点\$时间
原料油液位值	\\本站点\原料油液位

即：将组态王中\\本站点\$日期变量值写到 Access 数据库表格日期字段中；将\\本站点\$时间变量值写到 Access 数据库表格时间字段中；将\\本站点\原料油液位值写到 Access 数据库表格原料油液位值字段中。

2）单击"确认"按钮完成记录体的创建。

注：记录体中的字段名称必须与表格模板中的字段名称保持一致，记录体中字段对应的变量数据类型必须和表格模板中相同字段对应的数据类型相同。

8.2 对数据库的操作

8.2.1 连接数据库

1）在工程浏览器窗口的数据词典中定义一个内存整型变量：
变量名：DeviceID。
变量类型：内存整型。
2）新建一画面，名称为：数据库操作画面。
3）选择工具箱中的 T 工具，在画面上输入文字：数据库操作。
4）在画面中添加一按钮，按钮文本为：数据库连接。
5）在按钮的弹起事件中输入如下命令语言，如图 8-4 所示。

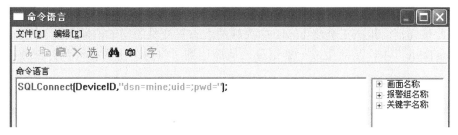

图 8-4 数据库连接命令语言

上述命令语言的作用是使组态王与 mine 数据源建立了连接（即与 mydb.mdb 数据库建立了连接）。

在实际工程中将此命令写入：工程浏览器> 命令语言> 应用程序命令语言> 启动时中，即系统开始运行就连接到数据库上。

8.2.2 创建数据库表格

1）在数据库操作画面中添加一按钮，按钮文本为：创建数据库表格。
2）在按钮的弹起事件中输入如下命令语言，如图 8-5 所示。

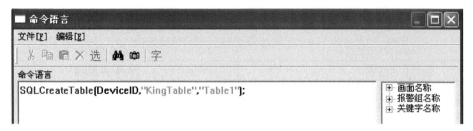

图 8-5　创建数据库表格命令语言

上述命令语言的作用是以表格模板"Table1"的格式在数据库中建立名为"KingTable"的表格。在生成的 KingTable 表格中，将生成三个字段，字段名称分别为：日期、时间、原料油液位值，每个字段的变量类型、变量长度及索引类型与表格模板"Table1"中的定义一致。

此命令语言只需执行一次即可，如果表格模板有改动，需要用户先将数据库中的表格删除才能重新创建。在实际工程中将此命令写入：工程浏览器> 命令语言> 应用程序命令语言> 启动时中，即系统开始运行就建立数据库表格。

8.2.3　插入记录

1）在数据库操作画面中添加一按钮，按钮文本为：插入记录。

2）在按钮的弹起事件中输入如下命令语言，如图 8-6 所示。

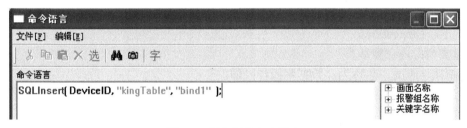

图 8-6　插入记录命令语言

上述命令语言的作用是在表格 KingTable 中插入一个新记录。

按下此按钮后，组态王会将 bind1 中关联的组态王变量的当前值插入到 Access 数据库表格"kingTable"中，从而生成一条记录，从而达到了将组态王数据写到外部数据库中的目的。

8.2.4　查询记录

用户如果需要将数据库中的数据调入组态王来显示，需要另外建立一个记录体，此记录体的字段名称要和数据库表格中的字段名称一致，连接的变量与数据库中字段的类型一致，操作过程如下：

1）在工程浏览器窗口的数据词典中定义三个内存变量：

① 变量名：记录日期。

变量类型：内存字符串。

初始值：空。

② 变量名：记录时间。

变量类型：内存字符串。

初始值：空。

③ 变量名：原料油液位返回值。

变量类型：内存实型。

初始值：0。

2）新建一画面，名称为：数据库查询画面。

3）选择工具箱中的 T 工具，在画面上输入文字：数据库查询。

4）在画面上添加三个文本框，在文本框的"字符串输出""模拟量值输出"动画中分别连接变量\\本站点\记录日期、\\本站点\记录时间、\\本站点\原料油液位返回值，用来显示查询出来的结果。

5）在工程浏览窗口中定义一个记录体，记录体窗口属性设置如图 8-7 所示。

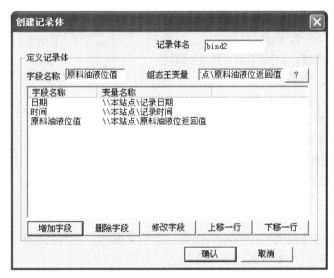

图 8-7　记录体属性设置对话框

6）在画面中添加一按钮，按钮文本为：得到选择集。

7）在按钮的弹起事件中输入如下命令语言，如图 8-8 所示。

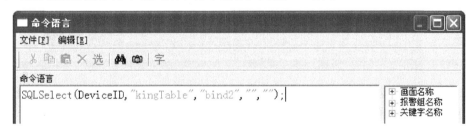

图 8-8　记录查询"命令语言"对话框

此命令语言的作用是：以记录体 bind2 中定义的格式返回 kingTable 表格中第一条数据记录。

8）执行"文件"菜单中的"全部存"命令，保存用户设置。

9）执行"文件"菜单中的"切换到 VIEW"命令，进入运行系统。运行此画面，单击"得到选择集"按钮数据库中的数据记录显示在文本框中，如图 8-9 所示：

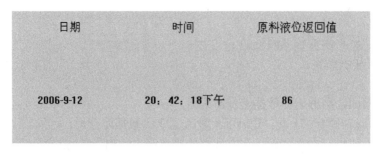

日期	时间	原料液位返回值
2006-9-12	20：42：18下午	86

图 8-9　数据库记录查询

10）在画面上添加四个按钮，按钮属性设置如下：

① 按钮文本：第一条记录

"弹起时"动画连接：SQLFirst（DeviceID）；

② 按钮文本：下一条记录

"弹起时"动画连接：SQLNext（DeviceID）；

③ 按钮文本：上一条记录

"弹起时"动画连接：SQLPrev（DeviceID）；

④ 按钮文本：最后一条记录

"弹起时"动画连接：SQLLast（DeviceID）；

上述命令语言的作用分别为查询数据中第一条记录、下一条记录、上一条记录和最后一条记录从而达到了数据查询的目的。

8.2.5　断开连接

1）在"数据库操作画面"中添加一按钮，按钮文本为：断开数据库连接。

2）在按钮的弹起事件中输入如下命令语言，如图 8-10 所示。

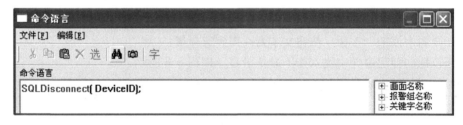

图 8-10　断开数据库连接命令语言

在实际工程中将此命令写入：工程浏览器> 命令语言> 应用程序命令语言> 退出时，即系统退出后断开与数据库的连接。

8.3　数据库查询控件

利用组态王提供的 KVADODBGrid Class 控件可方便地实现数据库查询工作，操作过程如下：

1）单击工具箱中的"插入通用控件"工具或选择菜单命令"编辑\插入通用控件"，则弹出插入控件对话框。在控件对话框内选择"KVADODBGrid Class"选项，如图 8-11 所示。

图 8-11　"插入控件"对话框

2）在画面中添加一 KVADODBGrid Class 控件选中并双击控件，在弹出的动画连接属性对话框中设置控件名称为：Grid1。

3）选中控件并单击鼠标右键，在弹出的下拉菜单中执行"控件属性"命令弹出属性对话框，如图 8-12 所示。

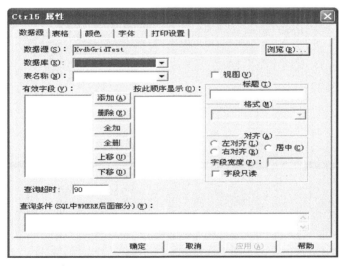

图 8-12　KVADODBGrid Class 控件属性对话框

单击窗口中的"浏览"按钮，在弹出的数据源选择对话框中选择前面创建的 mine 数据源，此时与此数据源连接的数据库中所有的表格显示在"表名称"的下拉框中，从中选择欲查询的数据库表格，（在这里选择前面建立的 KingTable 表格），此表格中建立的所有字段将显示在"有效字段"中，利用 添加(A) 和 删除(E) 选择用户所查询的字段名称并可通过"标题"

和"格式"编辑框对字段进行编辑。

4）设置完毕后关闭此对话框，利用按钮的命令语言实现数据库查询和打印工作，设置如下：

按钮一：查询全部记录：

```
gridl.FetchData();
gridl.FetchEnd();
```

按钮二：条件查询：

```
long aa;
aa=grid 1.QueryDialog();
if(aa==1)
{
gridl.FetchData();
grid 1.FetchEnd();
}
```

按钮三：打印控件：

```
gridl.Print();
```

习题与思考题

1）如何创建组态王数据源及数据库？

2）请简述实现创建数据库表格的基本步骤。

3）使用数据库查询控件需要注意哪些问题？

第9章
组态王的网络连接及 **For Internet** 应用

组态王网络结构是真正的客户/服务器模式，客户机和服务器必须安装在 Windows NT/2000 及以上版本的操作系统中并同时运行组态王软件（最好是相同版本的）。在配置网络时要绑定 TCP/IP 协议，即 PC 机必须首先是某个局域网上的站点并启动该网。网络结构如图 9-1 所示。

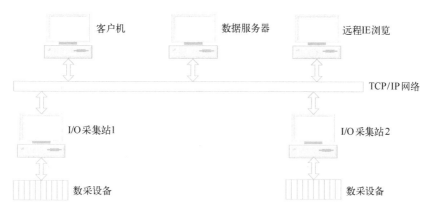

图 9-1 网络结构图

9.1 网络连接说明

I/O 服务器：负责进行数据采集的站点。如某个站点虽然连接了设备，但没有定义其为 I/O 服务器，那么这个站点采集的数据不向网络上发布。I/O 服务器可以按照需要设置为一个或多个。

报警服务器：存储报警信息的站点。系统运行时，I/O 服务器上产生的报警信息将会传输到指定的报警服务器上，经报警服务器验证后，产生和记录报警信息。

历史记录服务器：存储历史数据的站点。系统运行时，I/O 服务器上需要存储的历史数据将会传输到指定的历史记录服务器上保存起来。

　　登录服务器：登录服务器负责网络中用户登录的校验。在网络中只可以配置一个登录服务器。

　　校时服务器：统一网络上各个站点的系统时间。

　　客户端：某个站点被指定为客户后可以访问其指定的服务器。一个站点被定义为服务器的同时，也可以被指定为其他服务器的客户（如一台机器被指定为校时服务器的同时也可指定为 I/O 服务器的客户）。

9.2　网络配置

　　要实现组态王的网络功能，除了具备硬件设施外还必须对组态王各个站点进行网络配置，设置网络参数并定义在网络上进行数据交换的变量、报警数据和历史数据的存储和引用等。下面以一台服务器和一台客户机为例介绍网络配置的过程。

9.2.1　服务器配置

　　服务器端计算机配置过程如下：

　　1）将组态王的网络工程（即 d:\peixun\我的工程）设置为完全共享。

　　2）在工程浏览器窗口左侧"工程目录显示区"中双击"系统配置"中的"网络配置"选项，弹出"网络配置"对话框，对话框配置如图 9-2 所示。

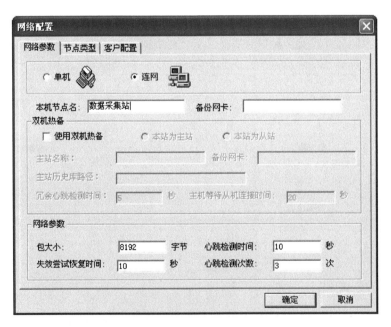

图 9-2　服务器网络参数页对话框

　　"本机节点名"必须是计算机的名称或本机的 IP 地址。

　　3）单击网络配置窗口中的"节点类型"属性页，其属性页的配置如图 9-3 所示。

　　设置完成后本机器就具备了五种功能，它既是登录服务器又是 I/O 服务器、报警服务器和历史记录服务器，同时又实现了历史数据备份的功能。

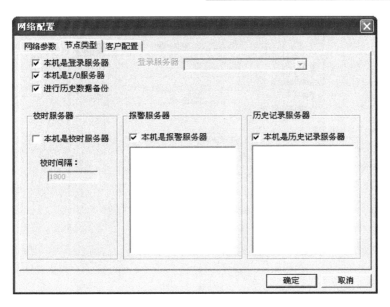

图 9-3　服务器节点类型页对话框

9.2.2　客户端计算机配置

1）在装有组态王软件的客户端机器中新建一工程，工程名为：客户端工程，并打开工程。

2）单击工程浏览器窗口最左侧"站点"标签，在站点编辑区中单击鼠标右键，在弹出的下拉菜单中执行"新建远程站点"命令，如图 9-4 所示。

3）执行此命令后弹出远程节点配置对话框，如图 9-5 所示。

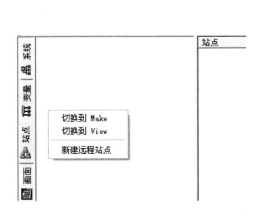

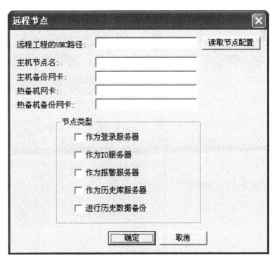

图 9-4　新建远程站点菜单　　　　　　　　图 9-5　远程节点配置对话框

单击"读取节点配置"按钮，在弹出的浏览文件夹窗口中选择在服务器中共享的网络工程（即 d:\peixun\我的工程），此时服务器的配置信息会自动显示出来，如图 9-6 所示。

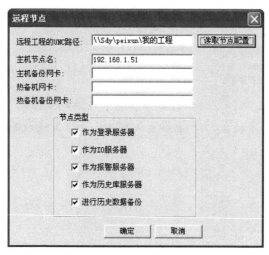

图 9-6　配置完毕的"远程节点"对话框

4）单击"确定"按钮后关闭对话框完成远程节点的配置，此时用户会看到远程节点（即服务器）中建立的所有变量在客户端的数据词典中显示出来，如图 9-7 所示。

图 9-7　服务器中建立的所有变量在客户端的数据词典中显示

5）在工程浏览器窗口左侧"工程目录显示区"中双击"系统配置"中的"网络配置"选项，弹出"网络配置"对话框，对话框配置如图 9-8 所示：

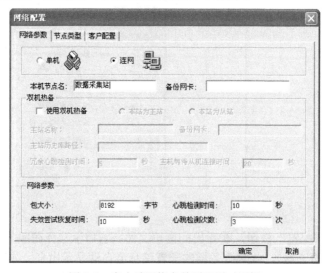

图 9-8　客户端网络参数页配置对话框

"本机节点名"必须是计算机的名称或本机的 IP 地址。

6）单击网络配置窗口中的"节点类型"属性页，其属性页的配置如图 9-9 所示。

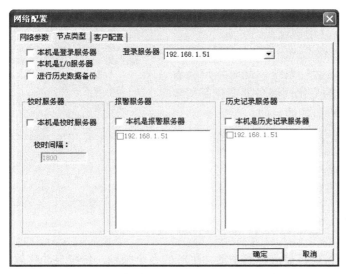

图 9-9　客户端节点类型属性页配置对话框

在"登录服务器"后面的下拉框中选择服务器的 IP 地址。

7）单击网络配置窗口中的"客户配置"属性页，其属性页的配置如图 9-10 所示。

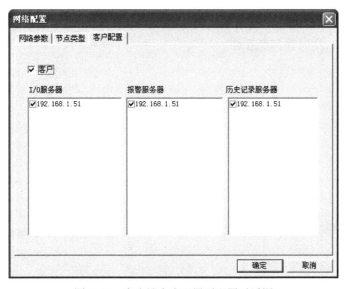

图 9-10　客户端客户配置页配置对话框

设置完毕后本机器既是 I/O 服务器的客户端又是报警服务器和历史记录服务器的客户端。

9.2.3　I/O 变量的远程查询

客户端网络配置完成后，在客户端就可以访问服务器上的变量了。变量访问过程如下：

1）在客户端新建一画面，名称为：数据访问画面。

2）在画面中添加一文本对象，在模拟值输出连接对话框中连接服务器中定义的变量，如图 9-11 所示。

3）设置完毕后执行"文件"菜单中的"全部存"命令，保存用户设置。

4）执行"文件"菜单中的"切换到 VIEW"命令，进入运行系统，此时用户会看到原料油变量数据的变化同服务器变化是同步的，从而达到了远程监控的目的。

注：在运行客户端之前必须首先运行服务器。

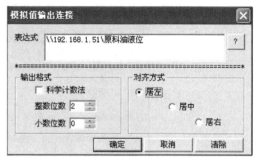

图 9-11　模拟值输出连接对话框

9.3　Web 功能介绍

9.3.1　概述

随着 Internet 科技日益渗透到生活、生产的各个领域，传统自动化软件的趋势已发展成为整合 IT 与工业自动化的关键。组态王 6.53 提供了 For Internet 应用版本——组态王 Web版，支持 Internet/Intranet 访问。组态王 Web 功能采用 B/S 结构，客户可以随时随地通过Internet/Intranet 实现远程监控。客户端有着强大的自主功能，在如图 9-12 所示的模拟工作场景中，局域网内部如厂长办公室的电脑通过浏览器实时浏览画面，监控各种工业数据，而与之相连的任何一台 PC 机也可实现相同的功能。组态王的 For Internet 应用，实现了对客户信息服务的动态性、实时性和交互性。

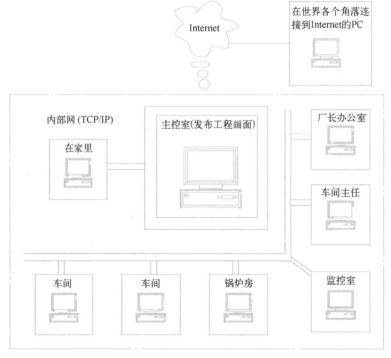

图 9-12　工作情景模拟图

9.3.2　Web 版的技术特性

1）采用 Java2 图形技术基础平台，支持跨平台运行，能够在 Linux 平台上运行，功能强大。

2）支持多画面集成系统显示，支持与组态王运行系统图形相一致的显示效果。

3）支持动画显示，客户端和主控机端保持高效的数据同步，达到亲临其境的效果。

4）支持多画面集成系统显示，支持与组态王运行系统图形相一致的显示效果。

5）支持无限色、过渡色：支持组态王中的 24 种过渡色填充和模式填充。支持真彩色，支持粗线条、虚线等线条类型，实现了组态王系统和 Web 系统真正的视觉同步，并且利用 Java2 的 2D 图形功能，Web 的过渡色填充效率更优于组态王本身。

6）报表功能。支持实时报表和历史报表，支持报表内嵌函数和变量连接，支持报表单元格的运算和求值，支持报表打印，支持报表内容下载功能。

7）命令语言。扩充了运算函数和求值函数，支持报表单元格变量和运算，支持局部变量，支持结构变量，扩展了变量的域、增加了画面打开和关闭、IE 端打印画面、打印报表、报表统计等函数。

8）支持组态王的大画面功能，在 IE 端可以显示组态王的任意大画面。

9.3.3　Web 版的功能特性

组态王 6.53 的 Web 可以实现画面发布和数据发布。数据发布是组态王 6.53Web 的新增功能。组态王 6.53 Web 画面发布的功能保留了原有组态王 6.51 Web 的所有功能：IE 客户端可以获得与组态王运行系统相同的监控画面，IE 客户端和 Web 发布服务器保持高效的数据同步，通过网络用户能够在任何地方获得与在 Web 服务器上一样的画面和数据显示、报表显示、报警显示、趋势曲线显示等，以及方便快捷的控制功能，Web 功能结构示意图如图 9-13 所示。

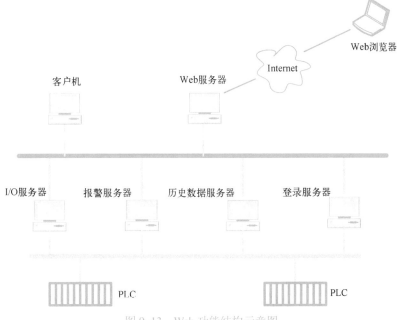

图 9-13　Web 功能结构示意图

新的 Web 功能主要增加了以下功能：

（1）支持无限色、过渡色

支持组态王中的过渡色填充和模式填充。支持真彩色，支持粗线条、虚线等线条类型，实现了组态王系统和 Web 系统真正的视觉同步。

（2）报表功能

增加了 Web 版的报表控件功能，支持实时报表和历史报表，支持报表内嵌函数和变量连接，支持报表单元格的运算和求值，支持报表打印，支持报表内容下载功能。

（3）命令语言扩充

扩充了运算函数和求值函数，支持报表单元格变量和运算，支持局部变量，支持结构变量，扩展了变量的域、增加了画面打开和关闭、IE 端打印画面、打印报表、报表统计等函数。

（4）支持大画面

支持组态王的大画面功能，在 IE 端可以显示组态王的任意大画面。

（5）支持远程变量

在组态王的网络结构中，可以引用远程变量到本地来显示、使用。而作为组态王 Web 版本，也支持该功能。组态王 Web 发布站点上引用的远程变量用户同样可以在 IE 上看到。

（6）报警窗的发布

增强了 Web 版的报警窗的发布功能。支持实时报警窗和历史报警窗的发布，发布的报警窗可以实时显示组态王运行系统中报警，支持在浏览器端按照用户要求的报警优先级、报警组、报警类型、报警信息源和报警服务器的条件进行过滤显示报警信息和事件信息。

（7）安全管理

组态王内部的用户操作权限和安全区的设置对 IE 浏览器端同样有效。另外 IE 浏览器端的画面登录也有权限设置，不同权限用户登录所能做的操作也不同。

（8）多语言版本

该版本可扩展性强，适合多种语言。

9.4 组态王中 Web 发布的配置

要实现 Web 功能，必须在组态王工程浏览器窗口中网络配置对话框中选择"连网"模式，并且计算机应该绑定 TCP/IP 协议。

9.4.1 网络端口配置

在进行 IE 浏览时，需要先知道被访问程序的端口号，所以在组态王 Web 发布之前需要定义组态王的端口号，定义过程如下：

在工程浏览器窗口左侧"工程目录显示区"中双击"Web"选项，弹出页面发布向导端口设置对话框，如图 9-14 所示。

端口号是指 IE 浏览器与组态王运行系统进行网络连接的端口号，系统默认的端口号是8001，如果所定义的端口号与本机的其他程序的端口号出现冲突的话用户可以按照实际情况进行修改。

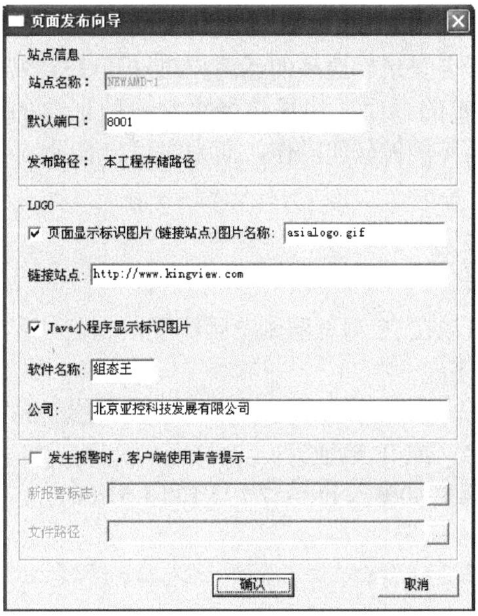

图 9-14　页面发布向导端口设置对话框

9.4.2　画面发布

　　组态王进行 Web 画面发布时，服务器端除组态王之外，不需要安装其他软件，IE 端需要安装相关浏览器以及 JRE 插件（第一次浏览组态王画面时会自动下载并安装并保留在系统上）。画面发布过程如下：

　　1）在工程浏览器窗口左侧"工程目录显示区"中选择"Web"选项，在右侧"目录内容显示区"中双击"新建"图标，弹出"WEB 发布组配置"对话框，对话框设置如图 9-15 所示。

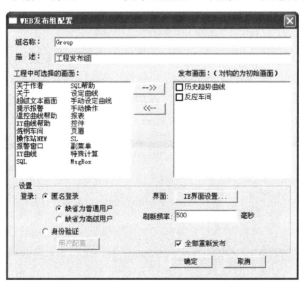

图 9-15　"WEB 发布组配置"对话框

　　"组名称"是 Web 发布组的唯一标识，由用户指定，但同一工程中组名不能相同且组名只能使用英文字母和数字的组合。

2）在对话框中单击 `-->>` 或 `<<--` 按钮可添加或删除发布的画面。

如果登录方式选择"匿名登录"选项的话用户在打开 IE 浏览器时不需要输入用户名和密码即可浏览组态王中发布的画面，如果选择"身份验证"的话就必须输入用户名和密码。普通用户只能浏览画面不能做任何操作，而高级用户登录后不仅可以浏览画面还可修改数据操作画面中的对象。

9.5 在 IE 端浏览画面

通过以上步骤之后就可以在 IE 浏览器浏览画面了，浏览过程如下：

1）启动组态王运行程序。

2）打开 IE 浏览器，在浏览器的地址栏中输入地址，地址格式为：

http：//发布站点机器名（或 IP 地址）：

组态王 Web 定义端口号（如输入 http：//192.168.1.51:80），

弹出对话框，如图 9-16 所示。

图 9-16　浏览器浏览画面

使用组态王 Web 功能需要 JRE 插件支持，如果客户端没有安装此插件的话，则在第一次浏览画面时系统会下载一个 JRE 的安装界面，将这个插件安装成功后方可进行浏览。该插件只需安装一次，安装成功后会保留在系统上，以后每次运行直接启动，而不需重新安装 JRE。

3）单击组名"Group"后弹出安全设置警告对话框，如图 9-17 所示。

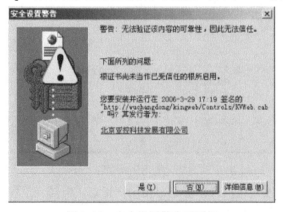

图 9-17　安全设置警告对话框

单击"是"按钮后系统会自动安装 JRE 插件，在安装过程中会有安装进度显示。

4）JRE 插件安装完毕后即可浏览到发布的画面，如图 9-18 所示。

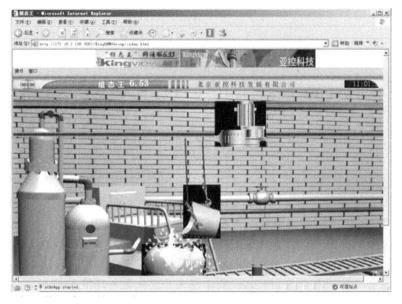

图 9-18　在浏览器中浏览画面

习题与思考题

1）如何实现 I/O 变量的远程查询?

2）组态王中 Web 发布配置应如何设置和发布?

第 10 章
工程管理器及组态王运行系统

对于系统集成商和用户来说，一个系统开发人员可能同时保存有很多个组态王工程，这些工程的集中管理以及新开发工程中的工程备份等都是比较烦琐的事情。组态王工程管理器的主要作用就是为用户集中管理本机上的所有组态王工程。工程管理器的主要功能包括：新建、删除工程，对工程重命名，搜索指定路径下的所有组态王工程，修改工程属性，工程的备份、恢复、数据词典的导入导出和切换到组态王开发或运行环境等。

10.1 启动工程管理器

单击 Windows 界面中的"开始"→"程序"→"组态王 6.53"→"组态王 6.53"后启动的工程管理器窗口如图 10-1 所示。

图 10-1 工程管理器窗口

10.2 工程管理器的用法

1）搜索 ：单击此快捷键，在弹出的"浏览文件夹"对话框中选择某一驱动器或某一文件夹，系统将搜索指定目录下的组态王工程，并将搜索完毕的工程显示在工程列表区中。

执行工程浏览窗口"文件"菜单中的"添加"命令，可将保存在目录中指定的组态王工程添加到工程列表区中，以备对工程进行修改。

2）新建：单击此快捷键，弹出新建工程对话框建立组态王工程，具体过程请参考本书的第 2 章内容。

3）删除：在工程列表区中选择任一工程后，单击此快捷键删除选中的工程。

4）属性：在工程列表区中选择任一工程后，单击此快捷键弹出"工程属性"对话框，如图 10-2 所示。

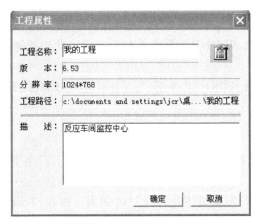

图 10-2　"工程属性"对话框

在工程属性窗口中可以查看并修改工程属性。

5）备份：在工程列表区中选择任一工程后，单击此快捷键弹出"备份工程"对话框，如图 10-3 所示。

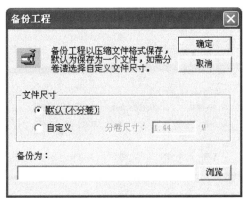

图 10-3　"备份工程"对话框

在工程备份窗口中单击"浏览"按钮，在弹出的"浏览文件夹"对话框中选择备份工程的路径及工程名称后单击"保存"按钮，系统将选中的工程存储为扩展名为.cmp 的文件。

6）恢复 ：单击此快捷键可将备份的工程文件恢复到工程列表区中。

7）DB 导出 ：利用此快捷键可将组态王工程数据词典中的变量导出到 Excel 表格中，用户可在 Excel 表格中查看或修改变量属性。在工程列表区中选择任一工程后，单击此快捷键在弹出的"浏览文件夹"对话框中选择输入保存文件的名称，系统自动将所选中工程的所有变量导出到 Excel 表格中。

8）DB 导入 ：利用此快捷键可将 Excel 表格中编辑好的数据或利用"DB 导出"命令导出的变量导入到组态王数据词典中。在工程列表区中选择任一工程后，单击此快捷键在弹出的"浏览文件夹"对话框中选择导入的文件名称，系统自动将 Excel 表格中的数据导入到组态王工程的数据词典中。

9）开发 ：在工程列表区中选择任一工程后，单击此快捷键进入工程开发环境。

10）运行 ：在工程列表区中选择任一工程后，单击此快捷键进入工程运行环境。

10.3　配置运行系统

"组态王"软件包由工程管理器（Project Manager）、工程浏览器（TouchExplorer）和画面运行系统（TouchVew）三部分组成。其中工程浏览器内嵌组态王画开发设计系统，生成人机界面工程。画面制作开发系统中设计开发的画面工程在 TouchVew 运行环境中运行。TouchExplorer 和 TouchVew 各自独立，一个工程可以同时被编辑和运行，这对于工程的调试是非常方便的。

在运行组态王工程之前首先要在开发系统中对运行系统环境进行配置。在开发系统中单击菜单栏"配置\运行环境"命令或工具条"运行"按钮或工程浏览器"工程目录显示区\系统配置\设置运行系统"按钮后，弹出"运行系统设置"对话框，如图 10-4 所示。

图 10-4　"运行系统设置"（运行系统外观）对话框

"运行系统设置"对话框由三个配置属性组成：

（1）"运行系统外观"属性页

此属性页各项的含义和使用介绍如下：

启动时最大化：TouchVew 启动时占据整个屏幕。

启动时缩成图标：TouchVew 启动时自动缩成图标。

窗口外观标题条文本：此字段用于输入 TouchVew 运行时出现在标题栏中的标题。若此内容为空，则 TouchVew 运行时将隐去标题条，全屏显示。

窗口外观系统菜单：选作此选项使 TouchVew 运行时标题栏中带有系统菜单框。

窗口外观最小化按钮：选作此选项使 TouchVew 运行时标题栏中带有最小化按钮。

窗口外观最大化按钮：选择此选项使 TouchVew 运行时标题栏中带有最大化按钮。

窗口外观可变大小边框：选择此选项使 TochVew 运行时，可以改变窗口大小。

窗口外观标题条中显示工程路径：选择此选项使当前应用程序目录显示在标题栏中。

菜单：选择此选项使 TouchVew 运行时带有菜单。

（2）"主画面配置"属性页

规定 TouchVew 画面运行系统启动时自动调入的画面，如果几个画面互相重叠，最后调入的画面在前面。单击"主画面配置"属性页，则此属性页对话框弹出，同时属性页画面列表对话框中列出了当前程序所有有效的画面，选中的画面加亮显示。如图 10-5 所示。

图 10-5　"主画面配置"属性页

（3）"特殊"属性页

此属性页对话框用于设置运行系统的基准频率等一些特殊属性，单击"特殊"属性页，则此属性页对话框弹出，如图 10-6 所示：

运行系统基准频率：这是一个时间值。所有其他与时间有关的操作选项（如："闪烁"动画连接的图形对象的闪烁频率、趋势曲线的更新频率、后台命令语言的执行）都以它为单位，是它的整数倍。

时间变量更新频率：用于控制 TouchVew 在运行时更新数据库中时间变量（＄毫秒、＄秒、＄分、＄时等）。

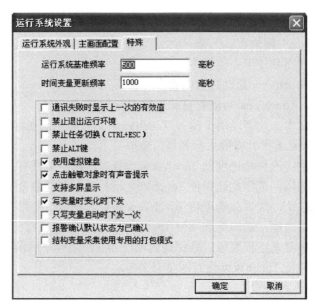

图 10-6 "特殊"属性页

通信失败时显示上一次的有效值：用于控制组态王中的 I/O 变量在通信失败后在画面上的显示方式。选中此项后，对于组态画面上 I/O 变量的"值输出"连接，在设备通信失败时画面上将显示组态王最后采集的数据值，否则将显示"？？？"。

禁止退出运行环境：选择此选项后，其左边小方框内出现"√"号。选择此选项使 TouchVew 启动后，除关机外不能退出。

禁止任务切换（CTRL+ESC）：选择此选项后，其左边小方框内出现"√"号。选择此选项将禁止"CTRL+ESC"键，用户不能作任务切换。

禁止 ALT 键：选择此选项后，其左边小方框内出现"√"号。选择此选项将禁止"ALT"键，用户不能用 ALT 键调用菜单命令。

注意：若将上述所有选项选中时，只有使用组态王提供的内部函数 Exit（Option）退出。

使用虚拟键盘：选择此选项后，其左边小方框内出现"√"号。画面程序运行中，当需要操作使用键盘时，比如输入模拟值，则弹出模拟键盘窗口，操作者用鼠标在模拟键盘上选择字符即可输入。

点击触敏对象时会有声音提示：选中此项后，其左边小方框内出现"√"号。则系统运行时，鼠标单击按钮等图素时，蜂鸣器发出声音.

支持多屏显示：选择此选项后，其左边小方框内出现"√"号。选择此选项支持多显卡显示，可以一台主机接多个显示器，组态画面在多个显示器显示。

10.4 运行系统菜单详解

配置好运行系统之后，就可以启动运行系统环境了。在开发系统中单击工具条"VIEW"按钮或快捷菜单中"切换到 View"命令后，进入组态王运行系统。如图 10-7 所示。

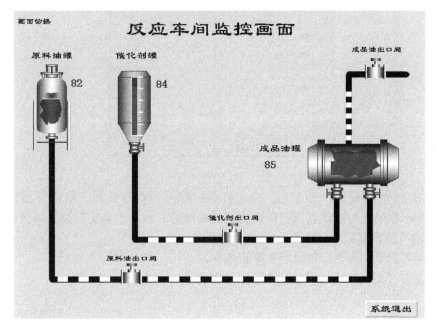

图 10-7　组态王运行系统

下面分别对运行系统菜单命令进行讲解。

10.4.1　画面菜单

单击"画面"菜单，弹出下拉式菜单，如图 10-8 所示。

选择"画面\打开"命令后，弹出"打开画面"对话框，如图 10-9 所示。

图 10-8　"画面"菜单

图 10-9　打开画面

对话框中列出当前路径下所有未打开画面的清单。用鼠标或空格键选择一个或多个窗口后，单击"确定"按钮打开所有选中的画面，或单击"取消"按钮撤销当前操作。

选择"画面\关闭"命令后，弹出"关闭画面"对话框，如图 10-10 所示。

对话框中列出所有已打开画面的清单。用鼠标或空格键选择一个或多个窗口后，单击"确定"按钮打开所有选中的画面，或单击"取消"按钮撤销当前操作。

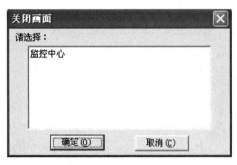

图 10-10 关闭画面

选择"画面\打印设置"命令后，弹出打印机标准设置对话框，用来设置打印机的状况，TouchVew 在运行时依此状况打印历史趋势曲线等。单击"确定"按钮确认当前操作，或单击"取消"按钮撤销当前操作。

"画面\屏幕拷贝"命令：暂时不支持此命令。

"画面\退出（Alt+F4）"命令：选择此命令后退出"组态王"运行程序。

10.4.2 特殊菜单

单击"特殊"菜单，弹出下拉式特殊菜单，如图 10-11 所示。

"特殊"菜单各项功能介绍如下：

1）重新建立 DDE 连接：

TouchVew 先中断了已经建立的 DDE 连接，此命令用于重新建立 DDE 连接。

2）重新建立未成功的连接：

重新建立启动时未建立成功的 DDE 连接。已经建立成功的 DDE 连接不受影响。

图 10-11 "特殊"菜单

3）重启报警历史记录：

此选项用于重新启动报警历史记录。在没有空闲磁盘空间时，系统自动停止报警历史记录。当发生此种情况时，将显示信息框，通知用户。为了重启报警历史记录，用户须清理出一定的磁盘空间，并选择此命令。

4）重启历史数据记录：

此选项用于重新启动历史数据记录。在没有空闲磁盘空间时，系统自动停止历史数据记录。当发生此种情况时，将显示信息框，通知用户。为了重启历史数据记录，用户须清理出一定的磁盘空间，并选择此命令。

5）开始执行后台任务：

此选项用于启动后台命令语言程序，使之定时运行。

6）停止执行后台任务：

此选项用于停止后台命令语言程序。

7）登录开：

此选项用于用户进行登录。登录后，可以操作有权限设置的图形元素或对象。在TouchVew 运行环境下，当运行画面打开后，单击此选项，则弹出对话框，如图 10-12所示。

用户名：选择已经定义了的用户名称。单击列表框右侧箭头，弹出的列表框中列出了所有的用户名称，选择要登录的用户名称，用户配置请参见"第 10 章工程管理器及组态王运行系统"。

口令：输入选中的用户的登录密码。如果在开发环境中定义了使用软键盘，则单击该文本框时，弹出一个软键盘。也可以直接用外设键盘输入。

单击"确定"按钮进行用户登录，如果用户密码错误，则会提示"登录失败"；单击"取消"按钮则取消当前操作。

在用户登录后，所有比此登录用户的访问权限级别低且在此操作员登录安全区内的图形元素或对象均变为有效。

8）修改口令：

此选项用于修改已登录操作员的口令设置，在 TouchVew 运行环境下，当运行画面打开后，单击此选项，则弹出对话框，如图 10-13 所示。

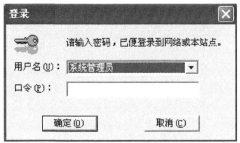

图 10-12　用户登录对话框

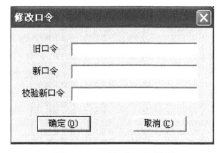

图 10-13　修改口令设置

在"旧口令"对话框中输入当前的用户密码，在"新口令"文本框中输入新的用户密码，在"校验新口令"文本框中输入新的用户密码，用于确认新密码的正确性。输入完成后，单击"确定"按钮确认口令修改；单击"取消"按钮取消当前操作。

9）配置用户：

此选项用于重新设置用户的访问权限和口令以及安全区，当操作员的访问权限大于或等于 900 时，此选项有效。弹出"用户和安全区配置"对话框。如图 10-14 所示。

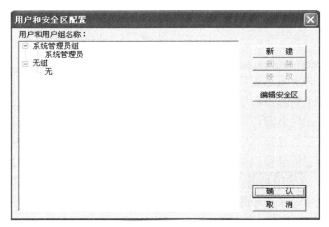

图 10-14　运行系统用户和安全区配置对话框

当操作员的访问权限小于 900 时，此选项有效，会提示没有权限。

10）登录关：

此选项用于使当前登录的用户退出登录状态，关闭有口令设置的图形元素或对象，则用户不可访问。

10.4.3 调试菜单

单击"调试"菜单，弹出下拉式菜单，如图 10-15 所示。

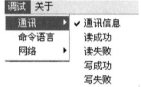

图 10-15 "调试"菜单

调试\通讯：

此命令用于给出组态王与 I/O 设备通信时的调试信息，包括通讯信息、读成功、读失败、写成功、写失败。当用户需要了解通信信息时，选择"通信信息"项，此时该项前面有一个符号"√"，表示该选项有效，则组态王与 I/O 设备通信时会在信息窗口中给出通信信息，如图 10-16 所示。

信息窗口		
信息 查看 关于		
2011/02/15 11:28:16.921	运行系统:	停止记录历史数据！
2011/02/15 11:28:19.468	运行系统:	退出...
2011/02/16 10:18:20.609	开发系统:	开发系统启动...
2011/02/16 10:58:54.937	开发系统:	开发系统启动...
2011/02/16 10:59:06.187	开发系统:	开发系统启动...
2011/02/16 10:59:21.593	开发系统:	开发系统退出...
2011/02/16 10:59:31.093	开发系统:	开发系统启动...
2011/02/16 11:02:58.750	开发系统:	开发系统退出...
2011/02/17 09:41:58.582	开发系统:	开发系统启动...
2011/02/17 09:42:07.953	开发系统:	开发系统启动...
2011/02/18 09:15:45.250	开发系统:	开发系统启动...
2011/02/18 09:18:37.328	开发系统:	开发系统退出...
2011/02/18 09:53:57.625	开发系统:	开发系统启动...
2011/02/18 10:04:16.171	开发系统:	开发系统启动...
2011/02/18 10:48:48.062	开发系统:	开发系统启动...
2011/02/18 10:54:23.343	开发系统:	开发系统退出...
2011/03/01 14:54:22.640	开发系统:	开发系统启动...
2011/03/01 14:54:29.875	运行系统:	启动...
2011/03/01 14:54:30.000	运行系统:	网络模式运行...
2011/03/01 14:54:30.015	运行系统:	初始化TCP/IP网络...
2011/03/01 14:54:31.265	运行系统:	打开通讯设备成功！
2011/03/01 14:54:31.265	运行系统:	设备初始化成功---plc1 in thread_id=704
2011/03/01 14:54:32.546	运行系统:	comthread线程704关联了设备: plc1
2011/03/01 14:54:36.109	运行系统:	历史库: 历史库服务程序没有启动
2011/03/01 14:54:36.109	运行系统:	开始记录历史数据！
2011/03/01 14:54:36.937	运行系统:	CreateFile failed: 3
2011/03/01 14:55:07.437	运行系统:	CreateFile failed: 3
2011/03/01 14:55:13.343	运行系统:	exit ThreadId = 704, 退出设备: plc1,
2011/03/01 14:55:13.343	运行系统:	停止记录历史数据！
2011/03/01 14:55:15.890	运行系统:	退出...
2011/03/01 15:01:17.562	开发系统:	开发系统退出...
2011/03/09 09:50:24.906	开发系统:	开发系统启动...

图 10-16 信息窗口通信信息

通讯信息：在组态王信息窗口中显示/不显示组态王与设备的通信信息。

读成功：在组态王信息窗口中显示/不显示组态王读取设备寄存器数据时成功的信息。

读失败：在组态王信息窗口中显示/不显示组态王读取设备寄存器数据时失败的信息。

写成功：在组态王信息窗口中显示/不显示组态王向设备寄存器写数据时成功的信息。

写失败：在组态王信息窗口中显示/不显示组态王向设备寄存器写数据时失败的信息。

调试\命令语言：该选项目前不起作用。

以上选项只有选中时（菜单项有"√"符号）有效。

10.4.4 导航菜单

单击"导航"菜单 弹出下拉式菜单，如图 10-17 所示。

导航\导航图：

该选项用于导航图的显示或隐藏。使用鼠标右键单击运行系统画面，弹出快捷菜单，如图 10-18 所示，执行"导航图"命令也可显示或隐藏导航图。

图 10-17 "导航"菜单   图 10-18 运行系统快捷菜单

执行"导航图"命令后在画面的右上方会出现矩形显示小窗口，该窗口就是导航画面，如图 10-19 所示。

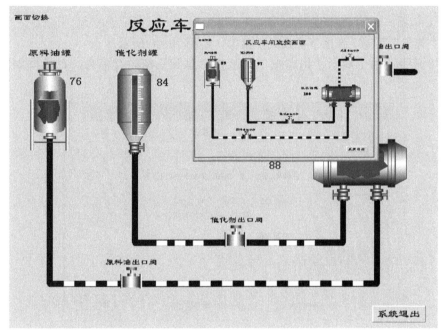

图 10-19 运行系统导航图

在导航图中显示的始终是鼠标单击获得焦点的画面。运行画面显示窗口在整个画面中的位置，在导航图中为一个标志矩形。画面中的图素在导航图中为缩小的图素，报警窗口、报表、组态王控件、标准 ActiveX 控件不是图素，是各自的标识符。

导航图的大小是固定的，当画面实际大小的长宽比例与导航图比例不一致时，靠左或上为有效显示区域，在导航图内鼠标的移动范围限制在有效区域内。

按住鼠标左键点中导航图上面灰色标题条可以拖动导航图，放置在屏幕任意的位置。

使用鼠标可以进行画面和导航图的互动操作。

1）启动导航图时，其内容为当前编辑的画面。

2）当运行画面切换时，如导航图在显示状态，其内容也随之改变。

3）当画面滚动时，导航图中标志画面显示内容的矩形随之移动。

4）当在导航图中鼠标单击指定位置时，可将当前编辑画面滚动到以单击处坐标为中心的位置。导航图中标志当前显示位置的矩形也随之移动，但大小不变。

5）当在导航图中单击位置在标志矩形内部时，可拖动鼠标到指定位置，放开鼠标后，当前编辑画面自动滚动到相应位置。

6）当画面没有滚动条时，显示导航图操作将不起作用。

导航\移动画面：

该选项用于运行系统画面的移动。使用鼠标右键单击运行系统画面，弹出快捷菜单，执行"移动画面导航图"命令也可实现移动画面功能。

选中此命令后该项前面有一个"√"符号，同时鼠标变成小手的形状，按住鼠标左键移动鼠标可移动画面，但此状态下鼠标不能获得焦点。

再次单击该命令则取消移动画面，该项前面"√"符号消失。或是右键单击鼠标取消移动画面状态。

图 10-20　关于菜单

10.4.5　关于菜单

单击"关于"菜单，弹出下拉式关于菜单，如图 10-20 所示。

此菜单命令项用于显示"组态王"的版权信息和系统内存信息，对话框如图 10-21 所示。

图 10-21　组态王版权信息和系统内存信息

习题与思考题

1）简述工程管理器的用法。

2）在配置组态王运行系统时，应注意哪些问题？

第 11 章
组态王信息窗口及用户管理与
系统安全

"组态王信息窗口"是一个独立的 Windows 应用程序，用来记录、显示组态王开发和运行系统在运行时的状态信息。信息窗口中显示的信息可以作为一个文件存于指定的目录中或是用打印机打印出来，供用户查阅。当工程浏览器、TouchVew 启动时，会自动启动该信息窗口。

11.1　如何从信息窗口中获取信息

一般情况下启动组态系统后，在信息窗口中可以显示的信息有：

1）组态王系统的启动、关闭、运行模式；

2）历史记录的启动、关闭；

3）I/O 设备的启动、关闭；

4）网络连接的状态；

5）与设备连接的状态；

6）命令语言中函数未执行成功的出错信息。

如果用户想要查看与下位设备通信的信息，可以选择运行系统"调试"菜单下的"读成功""读失败""写成功""写失败"等项，则 I/O 变量读取设备上的数据是否成功的信息也会在信息窗口中显示出来。

组态王的信息窗口如图 11-1 所示。

11.2　如何保存信息窗口中的信息

11.2.1　设置保存路径

用户可以将信息窗口中的信息以*.kvl 文件的形式保存到硬盘中，以供查阅。

执行"信息"菜单下"设置存储路径"命令，弹出"设置保存路径"对话框，如图 11-2 所示。

图 11-1　组态王信息窗口

图 11-2　信息窗口（设置保存路径）

如果是第一次运行信息窗口，默认保存路径为本机的临时目录"C:\Windows1\Temp\"，用户可根据需要单击"浏览…"更改保存路径。一旦用户设置了新的路径后，信息窗口会自动在该路径下生成新的信息文件，以后生成的信息文件都保存到该路径下。信息文件命名方式为"年月日时分.kvl"。如用户是在 2006 年 10 月 7 日上午 10:29 保存信息文件到指定的路径下，则信息文件名称为 0612071029.kvl。

11.2.2　设置保存参数

除设置信息文件保存路径外，还可以设置保存参数。执行"信息"菜单下"设置保存参数"命令，弹出"设置保存参数"对话框，如图 11-3 所示。

图 11-3　信息窗口（设置保存参数）

信息保存间隔：信息文件每隔一定时间存盘一次，时间可由用户设置，默认设置是 600s。在编辑输入框中设置信息文件保存到硬盘的时间间隔，也就是设定每隔多长时间将信息文件存入硬盘。例如：在编辑框中输入数值 3，则表示每隔 3s 将信息文件存入硬盘。

信息文件保留：指定信息文件在硬盘上的保存时间。信息窗口自动维护用户设置的保存天数内的信息，在保存期外的信息文件在硬盘上保留 10 天，10 天之后将被自动清掉。

信息文件超过：指定信息文件在硬盘上存储文件的大小，超过用户设置的大小后自动重新创建新文件。例如：在编辑框中输入数值 10，则表示保存一个日志文件最大为 10M，如果信息文件大小超过 10M，将自动重新创建新的信息文件。

11.3 如何查看历史存储信息

上一节介绍过组态王的开发和运行系统信息是以*.kvl 文件形式保存在硬盘上，形成历史信息记录。使用组态王信息窗口可以浏览保存过的信息文件。执行"信息"菜单下"浏览信息文件"命令，弹出选择文件对话框，如图 11-4 所示。

图 11-4 信息窗口（选择所要浏览的信息文件）

注：组态王 6.0 之前版本的信息文件名格式为*log\，6.0 及 6.0 以后的版本的信息文件文件名格式为*.kvl，例如：0610071056.kvl。用户可以选择所要浏览的信息文件，可以为老版本（6.0 之前版本）的*.log 格式或是新版本（6.0 版本）*.kvl 格式。

选中所要浏览的信息文件，单击"打开"出现浏览信息窗口，如图 11-5 所示。

该信息窗口中的内容也可打印出来，单击"打印"菜单，出现"打印"和"打印设置"菜单命令，"打印"命令将打印信息窗口的内容："打印设置"命令设置打印参数。具体如何请参见"11.4 如何打印信息窗口中的信息"一节。

信息窗口	

信息　查看　关于

```
2011/02/15 11:18:37.281    运行系统: CreateFile failed:    3
2011/02/15 11:19:07.781    运行系统: CreateFile failed:    3
2011/02/15 11:19:38.281    运行系统: CreateFile failed:    3
2011/02/15 11:20:08.796    运行系统: CreateFile failed:    3
2011/02/15 11:20:39.281    运行系统: CreateFile failed:    3
2011/02/15 11:21:09.781    运行系统: CreateFile failed:    3
2011/02/15 11:21:40.281    运行系统: CreateFile failed:    3
2011/02/15 11:22:10.781    运行系统: CreateFile failed:    3
2011/02/15 11:22:41.281    运行系统: CreateFile failed:    3
2011/02/15 11:23:11.781    运行系统: CreateFile failed:    3
2011/02/15 11:23:42.281    运行系统: CreateFile failed:    3
2011/02/15 11:24:12.781    运行系统: CreateFile failed:    3
2011/02/15 11:24:43.281    运行系统: CreateFile failed:    3
2011/02/15 11:25:13.796    运行系统: CreateFile failed:    3
2011/02/15 11:25:44.281    运行系统: CreateFile failed:    3
2011/02/15 11:26:14.781    运行系统: CreateFile failed:    3
2011/02/15 11:26:45.281    运行系统: CreateFile failed:    3
2011/02/15 11:27:15.781    运行系统: CreateFile failed:    3
2011/02/15 11:27:46.281    运行系统: CreateFile failed:    3
2011/02/15 11:28:16.921    运行系统: exit ThreadId = 488, 退出设备: plc1,
2011/02/15 11:28:16.921    运行系统: 停止记录历史数据！
2011/02/15 11:28:19.468    运行系统: 退出...
2011/02/16 10:18:20.609    开发系统: 开发系统启动...
2011/02/16 10:58:54.937    开发系统: 开发系统退出.
2011/02/16 10:59:06.187    开发系统: 开发系统启动...
2011/02/16 10:59:21.593    开发系统: 开发系统退出.
2011/02/16 10:59:31.093    开发系统: 开发系统启动...
2011/02/16 11:02:58.750    开发系统: 开发系统退出.
2011/02/17 09:41:58.562    开发系统: 开发系统启动...
2011/02/17 09:42:07.953    开发系统: 开发系统退出.
2011/02/18 09:15:45.250    开发系统: 开发系统启动...
2011/02/18 09:18:37.328    开发系统: 开发系统退出.
```

图 11-5　浏览信息窗口

11.4　如何打印信息窗口中的信息

组态王信息窗口信息打印有两种：一种是打印当前信息窗口中的信息；另一种是打印浏览的历史信息文件。两种打印使用的方法大致相同，都是首先进行"打印设置"，然后执行"打印"，命令。下面以打印当前信息窗口中的信息为例，讲解打印功能。

信息\打印设置：

执行"信息\打印设置"命令，弹出"设置打印参数"窗口，如图 11-6 所示。

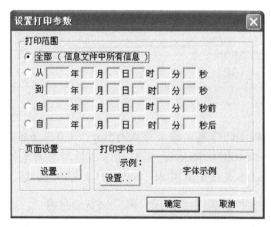

图 11-6　信息窗口（打印设置参数）

通过"设置打印参数"窗口可以对打印范围、页面设置和打印字体等参数进行设置。其中打印范围有四种方式选择：

1）全部（信息文件中所有信息）：打印信息窗口中显示了的所有信息；

2）从…到…：输入包含在信息窗口中显示的时间范围内的日期时间，将会打印出所选择的时间段内的信息内容；

3）自…前：输入包含在信息窗口中所显示的时间范围内的日期时间，将会打印出所选择时间前的信息内容；

4）自…后：输入包含在信息窗口中所显示的时间范围内的日期时间，将会打印出所选择时间后的信息内容。

注：请正确填写打印时间范围，如果填写错误系统将会自动弹出"检查打印范围"提示框请用户重新填写打印时间。

页面设置：对打印机及纸张进行设置。

打印字体：对打印的字体进行设置。

以上选项都设置完成后，单击"确定"按钮，完成打印设置。

信息\打印：

执行"信息\打印"命令，弹出"打印"窗口，如图 11-7 所示。

图 11-7　信息窗口（打印）

通过"打印"窗口可以对打印机的属性、打印布局和打印份数进行定义。单击"打印"按钮进行打印。

打印浏览的历史信息文件方法同上。

11.5　信息窗口其他菜单的使用

11.5.1　查看菜单

组态王信息窗口内容可以修改显示的字体，执行组态王信息窗口"查看\显示字体"中

"查看"的命令，如图 11-8 所示。

执行组态王信息窗口"查看\显示字体"中"显示字体"的命令，弹出"字体"对话框，如图 11-9 所示。

在此对话框中用户可以选择信息窗口文本的各种字体、字体样式、字的大小、颜色等。

查看

显示字体(F)...

图 11-8 显示字体

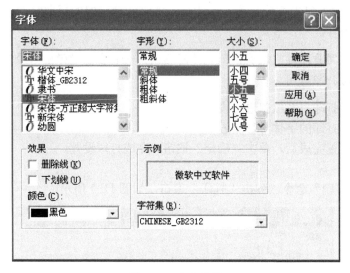

图 11-9 字体设置

11.5.2 关于菜单

执行"关于"菜单中的"关于"信息窗口菜单，弹出组态王信息窗口的有关信息，如图 11-10 所示。

图 11-10 信息窗口

11.5.3 系统菜单

系统菜单在组态王信息窗口左上角处，其位置如图 11-11 所示。

图 11-11 信息窗口（系统菜单）

右键单击组态王信息窗口左上角的系统菜单，弹出的系统下拉式菜单如图 11-12 所示。

专用菜单命令"总在最前"的使用：

此菜单命令选中有效时，则所有其他应用程序窗口总被组态王信息窗口覆盖。如果想取消"总在最前"，则重新打开系统菜单，如图 11-13 所示。

图 11-12 信息窗口系统下拉式菜单　　　　　　　　图 11-13 总在最前的使用

执行"取消最前"菜单命令，则其他应用程序窗口可以覆盖组态王信息窗口。

注：当组态王信息窗口最小化变为 Windows 操作系统"开始"菜单条上的小图标时，如图 11-14 所示。

图 11-14 组态王信息窗口图标

用右键单击组态王信息窗口图标，则也弹出系统菜单如图 11-15 所示。

图 11-15　组态王信息窗口

11.6　用户管理

11.6.1　用户管理概述

在组态王系统中，为了保证运行系统的安全运行，对画面上的图形对象设置了访问权限，同时给操作者分配了访问优先级和安全区，只有操作者的优先级大于对象的优先级且操作者的安全区在对象的安全区内时才可访问，否则不能访问画面中的图形对象。

11.6.2　设置用户的安全区与权限

优先级分 1～999 级，1 级最低 999 级最高。每个操作者的优先级别只有 1 个。系统安全区共有 64 个，用户在进行配置时。每个用户可选择除"无"以外的多个安全区，即一个用户可有多个安全区权限。用户安全区及权限设置过程如下：

1）在工程浏览器窗口左侧"工程目录显示区"中双击"系统配置"中的"用户配置"选项，弹出"用户和安全配置"对话框，如图 11-16 所示。

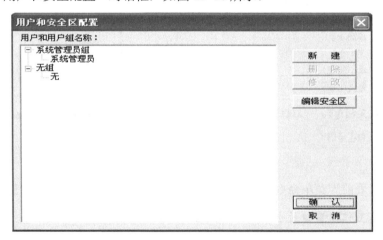

图 11-16　"用户和安全配置"对话框

单击此对话框中的"编辑安全区"按钮，弹出"安全区配置"对话框，如图 11-17 所示。

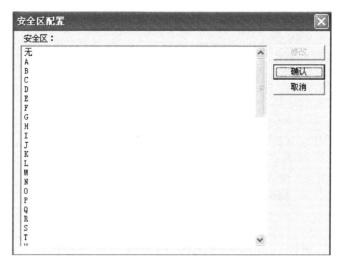

图 11-17　"安全区配置"对话框

选择"A"安全区并利用"修改"按钮将安全区名称修改为：反应车间。

2）单击"确认"按钮关闭对话框，在"用户和安全区配置"对话框中单击"新建"按钮，在弹出的"定义用户组和用户"对话框中配置用户组，如图 11-18 所示。

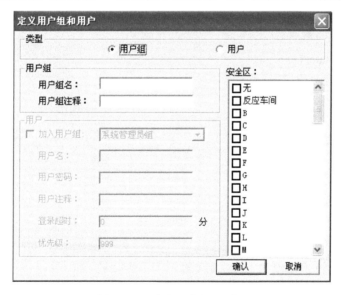

图 11-18　定义用户组对话框

对话框设置如下：

类型：用户组。

用户组名：反应车间组。

安全区：无。

3）单击"确认"按钮关闭对话框，回到"用户和安全区配置"对话框后再次单击"新建"按钮，在弹出的"定义用户组和用户"对话框中配置用户，对话框的设置如图 11-19 所示。

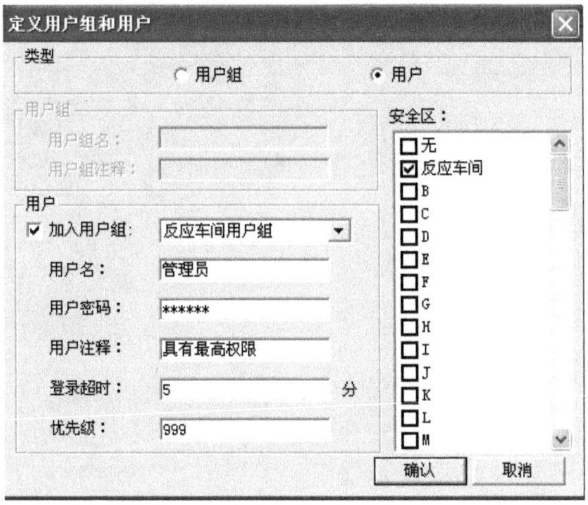

图 11-19　定义用户对话框

用户密码设置为：master。

4）利用同样方法再建立两个操作员用户，用户属性设置如下所示：

操作员1：

类型：用户。

加入用户组：反应车间用户组。

用户名：操作员1。

用户密码：operater1。

用户注释：具有一般权限。

登录超时：5。

优先级：50。

安全区：反应车间。

操作员2：

类型：用户。

加入用户组：反应车间用户组。

用户名：操作员2。

用户密码：operater2。

用户注释：具有一般权限。

登录超时：5。

优先级：150。

安全区：无。

5）单击"确认"按钮关闭定义用户对话框，用户安全区及权限设置完毕。

11.6.3　设置图形对象的安全区与权限

　　与用户一样图形对象同样具有 1～999 个优先级别和 64 个安全区，在前面编辑的"监控中心"画面中设置的"退出"按钮，其功能是退出组态王运行环境。而对一个实际的系统来说，可能不是每个登录用户都有权利使用此按钮，只有上述建立的反应车间用户组中的"管理员"登录时可以按此按钮退出运行环境，反应车间用户组的"操作员"登录时就不可操作此按钮。其对象安全属性设置过程如下：

1）在工程浏览窗口中打开"监控中心"画面，双击画面中的"系统退出"按钮，在弹出的"动画连接"对话框中设置按钮的优先级：100，安全区：反应车间。

2）单击"确定"按钮关闭此对话框，按钮对象的安全区与权限设置完毕。

3）执行"文件"菜单中的"全部存"命令，保存用户修改信息。

4）执行"文件"菜单中的"切换到 VIEW"命令，进入运行系统，运行"监控中心"画面。在运行环境界面中单击"特殊"菜单中的"登录开"命令，弹出"登录"对话框，如图 11-20 所示。

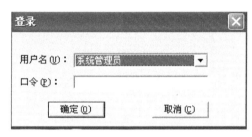

图 11-20　用户登录对话框

当上述所建的"管理员"登录时，画面中的"系统退出"按钮为可编辑状态，单击此按钮退出组态王运行系统；当分别以"操作员 1"和"操作员 2"登录时，"系统退出"按钮为不可编辑状态，此时按钮是不能操作的。这是因为对"操作员 1"来说，他的操作安全区包含了按钮对象的安全区（即：反应车间安全区），但是权限小于按钮对象的权限（按钮权限为 100，操作员 1 的权限为 50）。对于"操作员 2"来说，他的操作权限虽然大于按钮对象的权限（按钮权限为 100，操作员 2 的权限为 150）但是安全区没有包含按钮对象的安全区，所以这两个用户登录后都不能操作该按钮。

11.7　系统安全

为了防止其他人员对工程进行修改，在组态王开发系统中可以对工程进行加密，当打开加密工程时必须输入正确密码后才能打开工程，从而保护了工程开发者的权益。工程加密设置过程如下：

1）在工程浏览器窗口中执行"工具"菜单中的"工程加密"命令，弹出"工程加密处理"对话框，如图 11-21 所示。

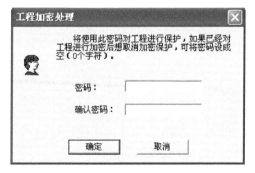

图 11-21　"工程加密处理"对话框

设置工程密码为：eng。

2）单击"确定"按钮关闭此对话框，系统自动对工程进行加密处理工作。

3）关闭组态王开发环境，在重新打开演示工程之前，系统会提示密码窗口，输入：eng 后方可打开演示工程。设置工程密码为：eng。

习题与思考题

1）请简述保存信息窗口信息的方式及路径。

2）如何打印及输出信息窗口的信息？

第 12 章
配方管理

什么是配方？在制造领域，配方是用来描述生产一件产品所用的不同配料之间的比例关系。配方是生产过程中一些变量对应的参数设定值的集合。组态王提供的配方管理由两部分组成：配方管理器和配方函数集。

12.1 配方管理概述

12.1.1 配方举例

例如，一个面包厂生产面包时有一个基本的配料配方，此配方列出所有要用来生产面包的配料成分表（如水、面粉、糖、鸡蛋、香油等）。另外，也列出所有可选配料成分表（如果酱、维生素、巧克力等），而这些可选配料成分可以被添加到基本配方中用以生产各种各样的面包。下列表 12-1 为某一面包厂生产面包时的配方：

表 12-1　某一面包厂生产面包时的配方

	配方 1	配方 2	配方 3
配料名	果酱面包	巧克力面包	维生素面包
水	200 克	200 克	200 克
面粉	4500 克	4500 克	4500 克
盐	325 克	325 克	325 克
糖	500 克	500 克	500 克
鸡蛋	10 个	10 个	10 个
香油	300 克	300 克	300 克
水果	5 个	0	0
巧克力	0	500 克	0

又如，在钢铁厂一个配方可能就是机器设置参数的一个集合，而对于批处理器，一个配方可能被用来描述批处理过程中的不同步骤。组态王支持对配方的管理，用户利用此功能可以优化控制生产过程，提高效率。比如当生产过程状态需要大量的控制变量参数时，如果一个接一个地设置这些变量参数就会耽误时间，而使用配方，则可以一次设置大量的控制变量参数，满足生产过程的需要。

12.1.2　组态王中的配方管理

组态王提供的配方管理由两部分组成：配方管理器和配方函数集。配方管理器打开后，弹出对话框，用于创建和维护配方模板文件；配方函数允许组态王运行时对包含在配方模板文件中的各种配方进行选择、修改、创建和删除等一系列操作。

所有配方都在配方模板文件中定义和存储，每一个配方模板文件以扩展名为.csv 的文件格式存储，一个配方模板文件是通过配方定义模板产生的。

配方定义模板如下：

用于定义配方中的所有项目名（即配料名）、项目类型、变量名（与每一个项目名对应）、配方名。每一个配方指定每一个配料成分所要求的数量大小。配方定义模板的结构见表 12-2。

表 12-2　配方定义模板的结构

项目名	变量名	变量类型（项目类型）	配方 1	配方 2	配方 M
配料 1	变量 1	实数型、整数型、离散型或字符串型	11	21	M1
配料 2	变量 2	实数型、整数型、离散型或字符串型	12	22	M2
配料 3	变量 3	实数型、整数型、离散型或字符串型	13	23	M3
配料 4	变量 4	实数型、整数型、离散型或字符串型	14	24	M4
配料 N	变量 N	实数型、整数型、离散型或字符串型	1N	2N	MN

12.1.3　配方的工作原理

配方模板文件中的配方定义模板完成后，在组态王运行时可以通过配方函数进行各种配方的调入、修改等。其工作原理结构示意图如图 12-1 所示。

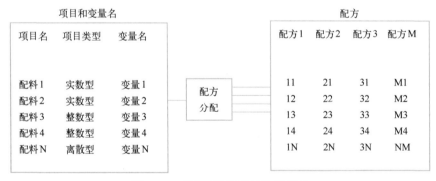

图 12-1　配方工作原理结构示意图

配方分配的功能由配方函数来完成，通过配方分配将指定配方（如配方 M）传递到相应的变量中。当调用配方 1 时，则配方 1 的数据值 11、12、13、14、1N 分别对应地传送给变量 1、变量 2、变量 3、变量 4、变量 N；同理，当调用配方 M 时，则同样是把配方 M 数据值传送给变量 1、变量 2、变量 3、变量 4、变量 N。

12.2　如何创建配方模板

组态王的工程浏览器能够创建和管理配方模板文件，在工程浏览器的目录显示区中，选中"文件"下的成员"配方"选项，如图 12-2 所示。

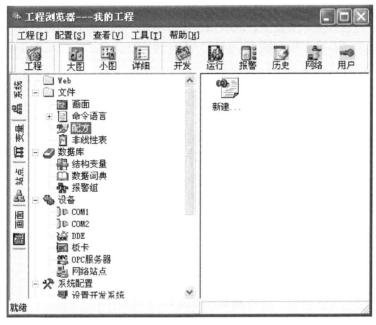

图 12-2　新建配方

内容显示区中用左键双击"新建"图标，或者右键单击"新建"图标，从浮动式菜单中选择"新建配方"命令，则弹出"配方定义"对话框，如图 12-3 所示。

图 12-3　配方定义

注：配方定义对话框中的第一行中的第一列和第二列是不可操作的，即不能在这两个单元格中输入任何内容。"配方定义"窗口中的前两列为变量名、变量类型。

变量名：为组态王中已经定义的数据变量名，定义配方之前必须先在数据词典中定义所有配方中要用到的变量。

变量类型：为整数型、实数型、离散型、字符串型中的一种，当用户选择变量名后，变量类型会自动加入，不需要用户输入。当用户手动输入变量名后，变量类型不自动加入，需要用户输入。

12.3 配方定义对话框中的菜单命令

单击"表格"菜单，弹出下拉式菜单，如图 12-4 所示。

1）增加行：选择此键，在输入焦点所在行的位置上面增加一行。

2）删除行：选择此键，则删除输入焦点所在的行。

3）增加列：选择此键，在输入焦点所在列的位置前面增加一列。

4）删除列：选择此键，则删除输入焦点所在的列。

5）保存：把指定文件保存在相应目录下。

6）另存为：把指定文件保存在指定目录下。

7）退出：退出配方，如果配方没有存盘，则提示存盘。

单击"工具"菜单，弹出下拉式菜单，如图 12-5 所示。

图 12-4　表格菜单　　　　　　　　图 12-5　工具菜单

1）配方属性：按下此键，则弹出"定义配方"对话框，如图 12-6 所示。

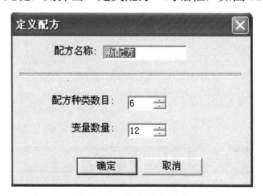

图 12-6　定义配方属性

① 配方名称：要建立的配方名，由用户自己设定，定义的名称要有实际的意义。

② 配方种类数目：指定配方数目，最大值为 256 种。

③ 变量数量：指定与配方中的项目相对应的变量个数，最大值为 999 个。

注：配方种类数目和变量数量要与实际配方中种类数目、变量数量相同，否则运行过程中不能正确调用配方。

2）自动右移：这时按下〈Enter〉键，输入焦点自动右移。

3）自动下移：这时按下〈Enter〉键，输入焦点自动下移。

4）不动：这时按下〈Enter〉键，输入焦点不动。

5）向上填充：输入焦点向上所有被选中的方框都填入与输入焦点的值相同的值。

6）向下填充：输入焦点向下所有被选中的方框都填入与输入焦点的值相同的值。

7）向左填充：输入焦点向左所有被选中的方框都填入与输入焦点的值相同的值。

8）向右填充：输入焦点向右所有被选中的方框都填入与输入焦点的值相同的值。

单击"变量[V]"菜单，弹出"选择变量名"对话框，如图 12-7 所示，供用户选择数据词典中已定义的变量。

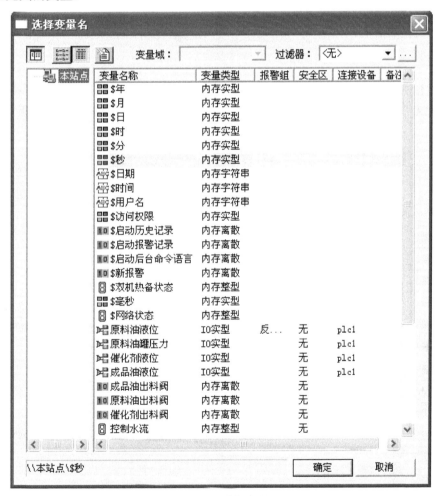

图 12-7　连接变量

12.4 创建配方模板

下面举一个例子介绍如何创建配方模板。

12.4.1 加入变量

鼠标选中"变量 1"所在列名为"变量名"的单元格，此时"变量[V]"菜单栏变为黑色有效。单击"变量"按钮，弹出"选择变量名"窗口，选中一个已经定义好的组态王变量，单击"确定"按钮，完成变量选择。"配方定义"窗口中相应变量的变量类型自动显示出来。如果变量名是由手动输入的，则需要手动输入相应的变量类型。加入多个变量的方法相同。

12.4.2 建立配方

在第一行中各个配方名称相应的单元格中输入各种配方的名称。鼠标单击"配方 1"下面的单元格，单元格变为输入状态，输入配方名称即可。接下来在下面对应变量中输入每种配方不同的变量的量值。

12.4.3 修改配方属性

编辑完配方之后，鼠标单击"工具"菜单中"配方属性"选项，定义配方模板的名称为"面包配方"，按照实际配方种类和使用的变量输入数据。定义好的配方模板如图 12-8 所示。

配方定义						
表格 工具 变量[V]						
	变量名	变量类型	配方1	配方2	配方3	配方4	配方
配方名称			果酱	巧克力	维生素		
变量1	\\本站点\水	实型	200	200	200		
变量2	\\本站点\面粉	实型	4500	4500	4500		
变量3	\\本站点\盐	实型	325	325	325		
变量4	\\本站点\糖	实型	500	500	500		
变量5	\\本站点\鸡蛋	整型	10	10	10		
变量6	\\本站点\香油	实型	300	300	300		
变量7	\\本站点\水果	整型	5	0	0		
变量8	\\本站点\巧克力	实型	0	500	0		
变量9							
变量10							
变量11							
变量12							

图 12-8　定义好的配方模板

12.5　如何使用配方

配方的使用是建立配方模板后，通过使用配方命令语言函数实现的。配方命令语言函数的调用可通过建立操作按钮或是在命令语言中调用来实现。下面首先详细介绍配方命令语言函数，然后再给出建立一个配方操作按钮的实际例子。

12.5.1　配方命令语言函数

配方命令语言函数列表，其中函数的详细内容请参见表 12-3 的函数列表。

表 12-3　配方命令语言函数列表

序号	名称	含义
1	RecipeDelete（...）	用于删除指定配方模板文件中当前指定的配方
2	RecipeLoad（...）	将指定配方调入模板文件中的数据变量中
3	RecipeSave（...）	存放一个新建配方或把对原配方的修改变化存入已有的配方模板文件中
4	RecipeSelectNextRecipe（...）	在配方模板文件中选择指定配方的下一个配方
5	RecipeSelectPreviousRecipe（...）	在配方模板文件中选择当前配方的前一个配方
6	RecipeSelectRecipe（...）	在指定的配方模板文件中选取工程人员输入的配方
7	RecipeInsertRecipe（...）	在配方中选定的位置插入一个新的配方

注：（...）表示有参数。

1．RecipeDelete

此函数用于删除指定配方模板文件中当前指定的配方。

语法格式使用如下：

```
RecipeDelete( "filename", "recipeName" );
filename：指配方模板文件存放的路径和相应的文件名；
recipeName：指配方模板文件中特定配方的名字。
```

注：文件名和配方名如果加上双引号，则表示为字符串常量，若不加双引号，则可以是组态王中的 DDE 或内存型字符串变量。

例：

```
RecipeDelete（"C:\recipe\北京面包厂.csv"，"配方 3"）；
```

此语句将配方模板文件"北京面包厂.csv"中的配方 3 删除。

2．RecipeLoad

此函数将指定配方调入模板文件中的数据变量中。

语法格式使用如下：

```
RecipeLoad( "filename", "recipeName" );
filename：指配方模板文件存放的路径和相应的文件名；
recipeName：指配方模板文件中特定配方的名字。
```

注：文件名和配方名如果加上双引号，则表示为字符串常量，若不加双引号，则可以是组态王中的 I/O 型或内存型字符串变量。

例：

```
RecipeDelete（"C:\recipe\北京面包厂.csv"，"水果香型面包"）；
```

此语句将配方模板文件"北京面包厂.csv"中的配方"水果香型面包"调入到项目模板定义中的数据变量中。

3. RecipeSave

此函数用于存放一个新建配方或把对原配方的修改变化存入已有的配方模板文件中。
语法格式使用如下：

```
RecipeSave( "filename", "recipeName" );
Filename：指配方模板文件存放的路径和相应的文件名。
recipeName：指配方模板文件中特定配方的名字。
```

注：

① 文件名和配方名如果加上双引号，则表示为字符串常量，若不加双引号，则可以是组态王中的 I/O 型或内存型字符串变量。

② 配方模板文件必须存在，如果配方模板文件不存在，则要事先创建配方模板文件，否则，调用此函数将失败，并返回 FALSE。

例：

```
RecipeSave（"C:\recipe\北京面包厂.csv"，"配方 3"）；
```

此语句将配方的修改变化存入到配方模板文件"北京面包厂.csv"中的配方 3 中。如果"北京面包厂.csv"中没有配方 3，则系统自动创建。

4. RecipeSelectNextRecipe

此函数用于在配方模板文件中选择指定配方的下一个配方。
语法格式使用如下：

```
RecipeSelectNextRecipe( "filename", "recipeName" );
filename：指配方模板文件存放的路径和相应的文件名；
recipeName：是一个字符串变量，存放工程人员选择的配方名字。
```

注：文件名和配方名如果加上双引号，则表示为字符串参数，若不加双引号，则可以是组态王中的 I/O 型变量或内存型变量。

例：

```
RecipeSelectNextRecipe（"C:\recipe\北京面包厂.csv"，"配方 3"）；
```

此语句运行后读取模板文件中"配方 3"的下一个配方，如果字符串变量 recipeName 的值为空或没有找到，则返回文件中的第一个配方；如果变量 recipeName 的值为文件中的最后一个配方，则仍返回此配方。

注：配方创建后是按序存放的。

5．RecipeSelectPreviousRecipe

此函数用于在配方模板文件中选择当前配方的前一个配方。

语法格式使用如下：

```
RecipeSelectPreviousRecipe( "filename", "recipeName" );
filename：指配方模板文件存放的路径和相应的文件名；
recipeName：是一个字符串变量，存放工程人员选择的当前配方名字。
```

注：文件名和配方名如果加上双引号，则表示为字符串参数，若不加双引号，则可以是组态王中的 I/O 型变量或内存型变量。

例：

```
RecipeSelectPreviousRecipe（"C:\recipe\北京面包厂.csv"，"配方 3"）;
```

此语句运行后读取模板文件中"配方 3"的上一个配方，如果变量 recipeName 的值为空或没有找到，则返回文件中的最后一个配方；如果变量 recipeName 的值为文件中的第一个配方，则仍返回此配方。

注：配方创建后是按序存放的。

6．RecipeSelectRecipe

此函数用于在指定的配方模板文件中选取工程人员输入的配方，运行此函数后，弹出对话框，工程人员可以输入指定的配方，并把此配方名送入字符串变量中存放。

语法格式使用如下：

```
RecipeSelectRecipe( "filename", "recipeNameTag", "Mess" );
filename：指配方模板文件存放的路径和相应的文件名；
recipeNameTag：是一个字符串变量，存放工程人员选择的配方名字；
Mess：字符串提示信息，由工程人员自己设定。
```

例：

```
RecipeSelectRecipe（"C:\recipe\北京面包厂.csv"，RecipeName，"请输入配方名！"）;
```

此语句运行后将弹出一个"选择配方"对话框，给出提示信息"请输入配方名！"，一旦工程人员从对话框中选择了一个配方，则此函数将该配方的名字返回到变量 RecipeName 中存放。

7．RecipeInsertRecipe

此函数用于在配方中选定的位置插入一个新的配方。执行该函数后，系统会弹出一个选择插入配方的对话框，对话框中列出了当前配方中所有的配方名称，选择要插入的位置，确定后新的配方将被插入到指定配方的前面。

函数使用方法：

```
RecipeInsertRecipe(filename, InsertRecipeName);
```

参数说明：

Filename：字符型指配方模板文件存放的路径和相应的文件名
InsertRecipeName：字符型要插入的新配方的名称

例：

在上面的例子中新定义一种配方"牛奶"面包，选择插入到"巧克力"面包之前，在弹出的插入对话框中选择"巧克力"，确定后，新的配方即插入到了指定的位置。

```
RecipeInsertRecipe（"C:\recipe\北京面包厂.csv"，"牛奶"）；
```

再次选择时，显示配方顺序变化。

12.5.2　配方示例

本节建立一个配方操作按钮的实际例子，以配方管理中定义的"面包配方.csv"模板文件为实例中的配方模板。新建"配方管理"画面。在画面上建立配料变量显示，绘制多个按钮，各个按钮中连接配方管理命令语言函数，其管理界面如图 12-9 所示。

图 12-9　开发系统配方管理界面

1. 建立"选择配方"按钮

1）在画面制作系统绘出按钮，按钮文本字符串为"选择配方"；

2）给"选择配方"按钮进行命令语言连接，命令语言程序如下。

```
RecipeSelectRecipe（"D:\配方管理\面包配方.csv"，recipeName，"请输入配方名称"）；
```

```
RecipeLoad( "D:\配方管理\面包配方.csv", recipeName );
```

注：其中 recipeName 是在数据词典中定义的内存字符串型的组态王变量。

2. 建立"调入配方"按钮

1）在画面制作系统绘出按钮，按钮文本字符串为"调入配方"；

2）给"调入配方"按钮进行命令语言连接，命令语言程序如下。

```
RecipeLoad( "D:\配方管理\面包配方.csv", recipeName );
```

3. 建立"保存配方"按钮

1）在画面制作系统绘出按钮，按钮文本字符串为"保存配方"；

2）给"存配方"按钮进行命令语言连接，命令语言程序如下。

```
RecipeSave( "D:\配方管理\面包配方.csv", recipeName );
```

4. 建立"选择下一个"按钮

1）在画面制作系统绘出按钮，按钮文本字符串为"选择下一个"；

2）给"选择下一个配方"按钮进行命令语言连接，命令语言程序如下。

```
RecipeSelectNextRecipe( "D:\配方管理\面包配方.csv", recipeName );
RecipeLoad( "D:\配方管理\面包配方.csv", recipeName );
```

5. 建立"选择上一个"按钮

1）在画面制作系统绘出按钮，按钮文本字符串为"选择上一个"；

2）　给"选择上一个配方"按钮进行命令语言连接，命令语言程序如下。

```
RecipeSelectPreviousRecipe( "D: \配方管理\面包配方.csv", recipeName );
RecipeLoad( "D:\配方管理\面包配方.csv", recipeName );
```

6. 建立"删除当前配方"按钮

1）在画面制作系统绘出按钮，按钮文本字符串为"删除配方"；

2）给"删除配方"按钮进行命令语言连接，命令语言程序如下。

```
RecipeDelete( "D:\面包配方.csv", recipeName );
```

7. 建立"插入配方"按钮

1）在画面制作系统绘出按钮，按钮文本字符串为"插入配方"；

2）给"插入配方"按钮进行命令语言连接，命令语言程序如下。

```
RecipeInsertRecipe ( "D:\面包配方.csv", recipeName );
```

经过上述步骤后，配方管理画面就制作好了，保存画面，切换到运行系统中。执行配方操作按钮，对配方进行各种操作。运行系统显示如图 12-10 所示。

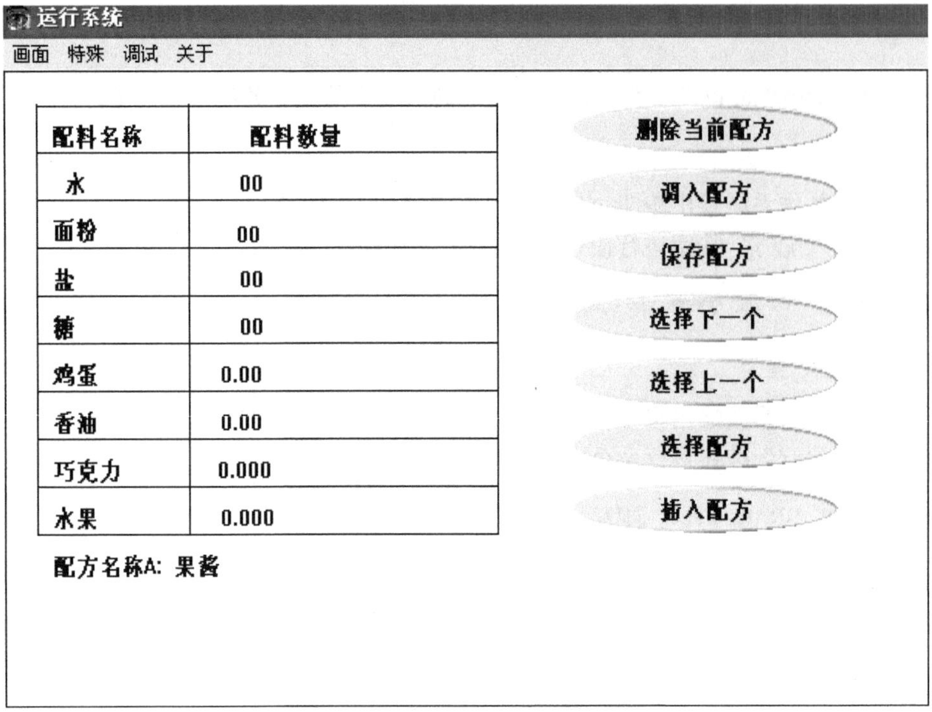

图 12-10　运行系统配方管理界面

习题与思考题

1）简述组态王中配方的工作原理。

2）创建配方模板的步骤有哪些？

3）常用的配方命令语言函数有哪些？

第 13 章
冗余系统

多余的或重复内容（包括信息、语言、代码、结构、服务、软件、硬件等）均称为冗余。冗余有两层含义，第一层含义是指多余的不需要的部分，第二层含义是指人为增加的重复部分，其目的是用来对原本的单一部分进行备份，以达到增强其安全性的目的，这在信息通信系统和自动控制系统当中均有着较为广泛的应用。在此介绍双设备冗余、双机热备和双网络冗余及相关应用实例。

13.1 双设备冗余

13.1.1 双设备冗余概述

双设备冗余，是指设备对设备的冗余，即两台相同的设备之间的相互冗余。对于用户比较重要的数据采集系统，用户可以用两个完全一样的设备同时采集数据，并与组态王通信。系统结构示意如图 13-1 所示。

图 13-1　双设备冗余示意图

正常情况下，主设备与从设备同时采集数据，但组态王只与主设备通信，若主设备通信出现故障，组态王将自动断开与主设备的连接，与从设备建立连接，从设备由热备状态转入运行状态，组态王从从设备中采集数据。此后，组态王一边与从设备通信，一边监视主设备的状态，当主设备恢复正常后，组态王自动停止与从设备的通信，与主设备建立连接，进行通信，从设备又处于热备状态。

这样就要求从设备与主设备应完全一样，即两台设备要完全处于热备状态。而且组态王中在定义该设备的 I/O 变量时，只能定义变量与主设备建立连接，而从设备无须定义变量，完全是对主设备的冗余。

13.1.2 双设备冗余的功能

具体地说双设备冗余主要是为了实现数据的不间断采集。

由于采用了设备冗余，因此一旦主设备通信出现中断，从设备可以迅速将采集到的数据传给主设备继续与组态王进行通信，从而保持数据的完整性。

13.1.3 双设备冗余的设置

1. 双设备冗余设置的步骤

双设备冗余定义的步骤大致为：

1）从设备定义。

2）主设备定义。

3）变量定义（主设备）。

双设备冗余设置一般先定义从设备，然后再定义主设备，定义主设备时可将已定义的设备定义为从设备。也可以同时将两个设备都定义，然后再指定主、从设备。

2. 从设备定义

从设备的设置与一般的 I/O 设备设置方法相同，工程人员根据设备配置向导就可以完成从设备的配置。例如在 COM1 口上定义一个逻辑名为"从设备 7018"的 Nudam7018 模块设备，如图 13-2 所示。

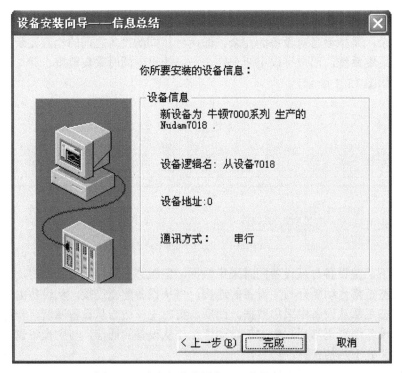

图 13-2　定义好的从设备——从设备 7018

3. 主设备定义

主设备的设置与一般的 I/O 设备设置方法也大致相同，工程人员根据设备配置向导就可以完成主设备的配置，具体设置方法请参见"I/O 设备管理"，如图 13-3 所示。

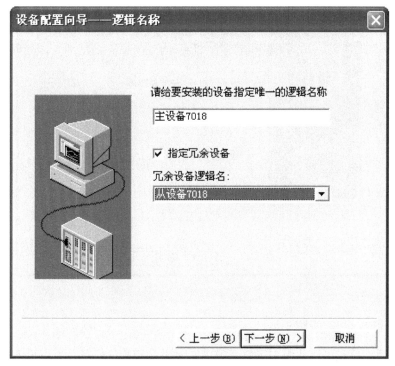

图 13-3　指定主设备的冗余设备

唯一不同的是，在"设备配置向导——逻辑名称"页中，需要指定主设备中冗余设备的逻辑名称，如图 13-3 所示，选中"指定冗余设备"选项，"冗余设备逻辑名"列表框就会变为可见，可从下拉列表中选出刚刚定义的设备"从设备 7018"作为该设备冗余设备。另外，对组态王来说，两个冗余的设备实际上是独立的两个设备。因此设备的地址不同。

注：工程人员给要配置的主设备指定一个与从设备不同的逻辑名称。

例如：在 COM2 口上定义一个逻辑名为"主设备 7018"的 Nudam7018 模块做为主设备，设备配置信息总结界面如图 13-4 所示。

注：

① 从设备与主设备不只设备应完全一致，而且两者状态应完全一致，例如采集的数据、数据类型等。

② 对于双设备冗余的设备驱动程序，需要在原有的驱动程序的基础上稍加修改，如有双设备冗余，请与亚控公司技术支持部联系。

4. 变量定义

工程人员在数据词典中定义变量，必须要和主设备相连接，从设备不能定义任何变量。关于 I/O 变量的定义请参见第 2 章 2.3 节定义外部设备和数据变量。

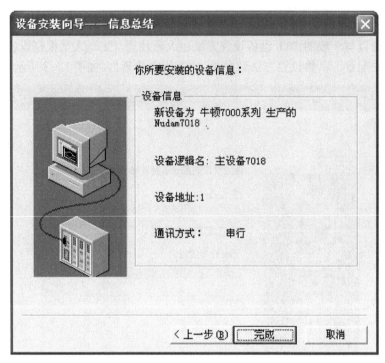

图 13-4 定义好的主设备—主设备 7018

13.1.4 双设备冗余的使用

运行系统启动后，可以从组态王信息窗中看到设备初始化信息，当主设备出现故障时，切换到从设备的提示信息。如：

运行系统：打开通信设备成功。

运行系统：设备初始化成功——主设备 7018。

运行系统：打开通信设备成功。

运行系统：设备初始化成功——从设备 7018。

运行系统：开始记录历史数据。

运行系统：设备"主设备 7018"通信失败。

运行系统：主设备失效，启动从设备。

系统判断到主设备出现故障，直接启动从设备，实现了数据的不间断采集，保证了数据的完整性。

13.2 双机热备

双机热备其构造思想是主机和从机通过 TCP/IP 网络连接，正常情况下主机处于工作状态，从机处于监视状态，一旦从机发现主机异常，从机将会在很短的时间之内代替主机工作，完全实现主机的功能。例如，I/O 服务器的热备机将进行数据采集，报警服务器的冗余机将产生报警信息并负责将报警信息传送给客户端，历史记录服务器的冗余机将存储历史数据并负责将历史数据传送给客户端。当主机修复，重新启动后，从机检测到了主机的恢复，会自动将主机丢失的历史数据复制给主机，同时，将实时数据和报警缓冲区中的报警信息传递给主机，然后从机将重新处于监视状态。这样即使是发生了事故，系统也能保存一个相对完整的数据库、报警信息和历史数据等。

13.2.1　双机热备的功能

组态王的双机热备主要实现以下功能：

1）实时数据的冗余。

2）历史数据的冗余。

3）报警信息的冗余。

4）用户登录列表的冗余。

组态王提供了系统变量"$双机热备状态"变量来表征主从机的状态。在主机上，该变量的值为正数，在从机上，该变量的值为负数。

在使用双机热备之前，应先进行双机热备的配置。

注：组态王实现双机热备时，主机与从机的组态王工程文件应该完全一致。

13.2.2　双机热备实现的原理

如图 13-5 所示为单机版双机热备的系统结构图。双机热备主要是实时数据、报警信息和变量历史记录的热备。主从机都正常工作时，主机从设备采集数据，并产生报警和事件信息。从机通过网络从主机获取实时数据和报警信息，而不会从设备读取或自己产生报警信息。主从机都各自记录变量历史数据。同时，从机通过网络监听主机，从机与主机之间的监听采取请求与应答的方式，从机以一定的时间间隔（冗余机心跳检测时间）向主机发出请求，主机应答表示工作正常，主机如果没有做出应答，从机将切断与主机的网络数据传输，转入活动状态，改由下位设备获取数据，并产生报警和事件信息。此后，从机还会定时监听主机状态，一旦主机恢复，就切换到热备状态。通过这种方式实现了热备。

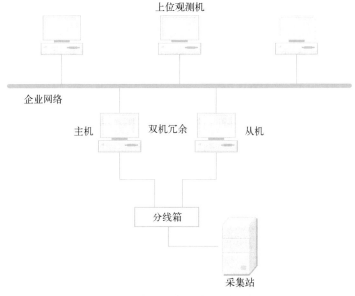

图 13-5　单机版双机热备的系统结构图

当主机正常运行，从机后启动时，主机先将实时数据和当前报警缓冲区中的报警和事件信息发送到从机上，完成实时数据的热备份。然后主从机同步，暂停变量历史数据记录，从机从主机上将所缺的历史记录文件通过网络复制到本地，完成历史数据的热备份。这时可以在主从机组态王信息窗中看到提示信息"开始备份历史数据"和"停止备份历史数据"。历史数据文件备份完成后，主从机转入正常工作状态。

当从机正常运行，主机后启动时，从机先将实时数据和当前报警缓冲区中的报警和事件信息发送到主机上，完成实时数据的热备份。然后主从机同步，暂停变量历史数据记录，主机会到从机上将所缺的历史记录文件通过网络复制到本地，完成历史数据的热备份。这时也可以在主从机的组态王信息窗中看到提示信息"开始备份历史数据"和"停止备份历史数据"。历史数据文件备份完成后，主从机转入正常工作状态。历史数据热备的结构图如图 13-6 所示。

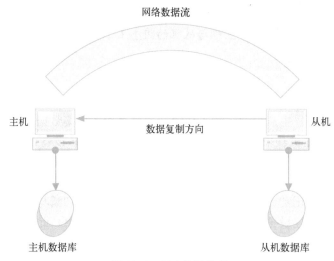

图 13-6　历史数据热备

注：

1）主从机都正常工作时，从机上修改变量的值不会引起主机变量值的改变。

2）主从机都正常工作时，从机上的命令语言正常执行。

3）DDE 设备无法实现双机热备。

双机热备中，需要各台计算机保持时钟一致，这里就牵扯到校时服务器的概念，一般的设置是将主机和从机都设置为校时服务器，主机工作时主机采取广播的方式以一定的时间间隔向各台机器发送校时帧，保持网络时钟的统一。而当主机失效时，从机将代替主机成为网络的校时服务器。

13.2.3　网络工程的冗余

对于网络工程，即整个工程的所有功能分别由专用服务器来完成时，可以根据系统的重要性来决定对哪些服务器采取冗余，例如对于实时数据采集非常重要，而历史数据和报警信息不是很重要的系统来说，可以只对 I/O 服务器设置冗余，如果历史数据和报警信息也同样重要的话，则需要分别设置 I/O 服务器、历史记录服务器和报警服务器的冗余机。下面将详细介绍其冗余的实现。网络结构示意如图 13-7 所示。

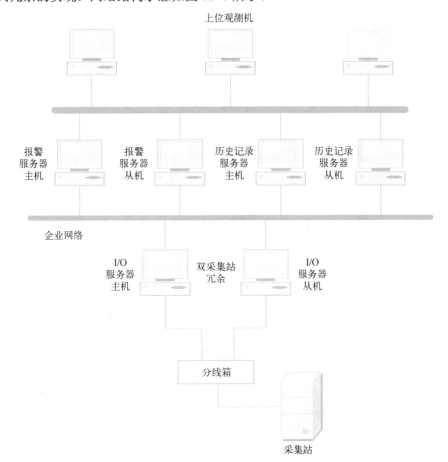

图 13-7　I/O、报警、历史记录服务器的冗余（网络结构）

在这种网络结构和冗余结构中，实时数据的由 I/O 服务器主机和 I/O 服务器从机来完成，实时数据的冗余与单机版工程的实时数据冗余相同；历史数据的冗余由历史记录服务器主机和历史记录服务器从机来完成；报警信息的冗余由报警服务器主机和报警服务器从机来完成。

对报警服务器和历史记录服务器的冗余来说，从机没有监视状态，即报警服务器从机和历史记录服务器从机与它们的主机一样，同时从 I/O 服务器上取数据，在报警服务器从机上同样生成报警信息，并在报警服务器主机停止工作时，向客户机传送报警信息；在历史记录服务器上同样存储历史记录，并在历史记录服务器主机停止工作时，向客户机传送历史数据。

对于客户端来说，只需要指定其 I/O 服务器、报警服务器和历史记录服务器的主机，当这些主机出现故障时，客户端会自动转为与相应的从机通信。

13.2.4　双机热备配置

双机热备配置的三个要素如下：

1）主机网络配置。

2）从机网络配置。

3）变量"$双机热备状态"的使用。

1. 主机网络配置

第一步：在主机上选择组态王工程浏览器中的"网络配置"项，双击该项，弹出如图 13-8 所示"网络配置"对话框，选择"连网"模式，在"本机节点名"处键入本机名称或 IP 地址。在双机热备一栏中，选择"使用双机热备"选项，后面的"本站为主站"和"本站为从站"选项变为有效。选择"本站为主站"。

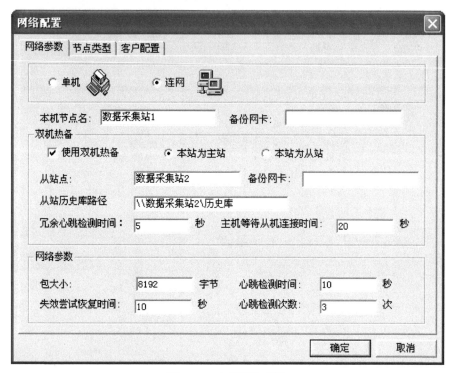

图 13-8   主机网络配置

第二步：在"从站点"后的编辑框中输入从站的名称或 IP 地址。在"从站历史库路径"一栏中键入从机保存历史数据的完整路径，该路径的定义格式采用 UNC 格式。该路径在从机上应该提供共享，这里添加的路径也是通过网络可以看到的有效路径。"网络参数"的设置请参见第 9 章组态王 For Internet 应用。

第三步：在"冗余心跳检测时间"处输入主机检测从机的时间间隔。如图 13-8 所示，默认为 5s。

第四步：节点类型设置，在"网络配置"中单击"节点类型"属性页，如图 13-9 所示。

按照实际情况选择本站点的类型（请参见第 9 章网络连接），一般如果是单机，各选项都要选择。选择"本机是校时服务器"，同时输入"校时间隔"，表示本机发送校时信息的时间间隔。默认为 180s。

单击"确定"按钮，完成了双机热备中主机的基本配置。

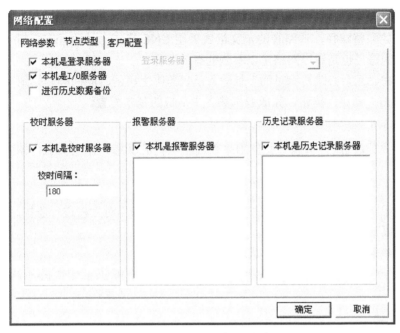

图 13-9　校时服务器设置

2. 从机网络配置

第一步：在从机上选择组态王工程浏览器中的"网络配置"项，双击该项，弹出"网络配置"对话框，如图 13-10 所示。选择"连网"模式，在"本机节点名"处键入从机名称或 IP 地址，在双机热备一栏中，选择"使用双机热备"选项。其后面的"本机为主站"和"本机为从站"选项变为有效，选择"本站为从机"。

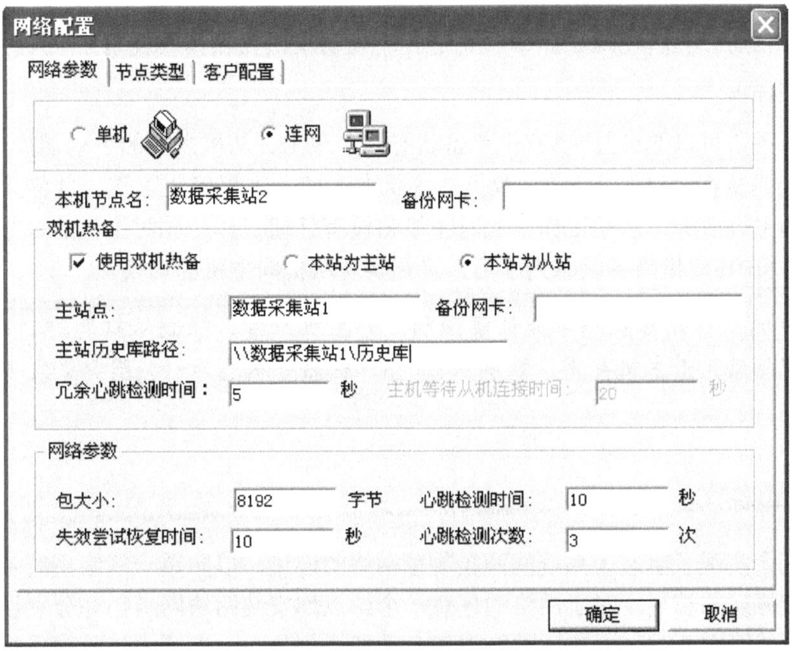

图 13-10　从机网络配置

第二步：在"主站点"处键入主站名称或 IP 地址。在"主站历史库路径"处键入主机保存历史数据的完整路径，该路径的定义格式采用 UNC 格式。该路径在主机上应该提供共享，这里添加的路径也是通过网络可以看到的有效路径。

第三步：在"冗余心跳检测时间"处输入从机监听主机的时间间隔。如图 13-10 所示，默认为 5s。单击"确定"按钮，完成双机热备中从机的基本配置。

3. 双机热备状态变量的使用

系统变量"$双机热备状态"变量用来表征主从机的状态。在主机上，该变量的值为正数，在从机上，该变量的值为负数。

主机状态监控：

在主机的组态王工程中，可通过变量"$双机热备状态"对主机进行监控。变量"$双机热备状态"有以下几种状态：

1）$双机热备状态=1，此时主机状态正常。

2）$双机热备状态=2，此时主机状态异常，主机将停止工作，并不再响应从机的查询。

从机状态监控：

在从机的组态王工程中，可通过变量"$双机热备状态"对从机进行监控。变量"$双机热备状态"有以下几种状态：

1）$双机热备状态=-1，此时从机检测到主机状态正常。

2）$双机热备状态=-2，此时从机检测到主机状态异常，主机工作异常，从机代替主机成为主站。

注：

① 主机与从机的双机热备状态的返回是不一样的，主机为正值，从机为负值。

② 可以通过强制转换$双机热备状态进行手动切换。但要慎重使用。

手动状态切换：

特殊情况下，可以通过强制$双机热备状态，实现主、从机之间的手动切换。

主机切换到从机：强制主机的$双机热备状态为 2，主机停止工作，并停止响应从机查询，从机认为主机故障，启动工作，此时主机将没有任何工作，同时主机的数据也将不再变化。当强制主机的$双机热备状态为 1 后，又能实现从机向主机的切换，

注：从机的双机热备状态不能任意强制。若主机正常，强制从机的$双机热备状态为 -2，则会出现混乱。若主机异常，强制从机的$双机热备状态为-1，则会丢失下次监听查询前的数据。

13.3 双网络冗余

双网络冗余实现了组态王系统间两条物理网络的连接，以防单一网络系统中网络出现故障则所有站点瘫痪的弊端。对于网络的任意一个站点均安装两块网卡，并分别设置在两个网段内。当主网线路中断时，组态王网络通信自动切换到从网，保证通信链路不中断，为系统

稳定可靠运行提供了保障。系统结构示意图如图 13-11 所示。

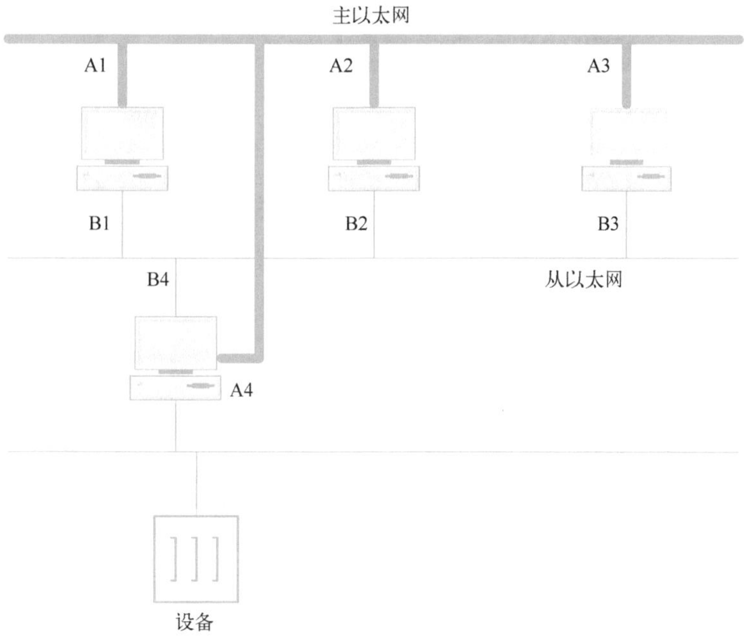

图 13-11 双网络冗余系统结构示意图

如上图所示，粗线表示主网，细线表示从网。A 表示主网网卡，B 表示从网网卡。网络上的任意一台机器均需要安装两个网卡，在实际使用中一般将这两块网卡分别设置在两个网段内，例如，A 网卡的 IP 地址均设置为 100.100.100.＊，最后一位数字各台机器不相同，子网码掩码为：255.255.255.0；B 网卡的 IP 地址均设置为 200.200.200.＊，最后一位数字各台机器不相同，子网码掩码为：255.255.255.0，这样就构造了两个以太网，各个站点将通过相同网段的网卡进行通信。

注：需要保证的一点是本节点两块网卡可以正确的与网络上的其他节点的任何 IP 能够 PING 通。

1. 网卡的配置

下面以"数据采集站"为例详细介绍双网络冗余的配置。由于每个站点均配置有两块网卡，因此需要设置两块网卡的 IP 地址，从计算机的"控制面板"中双击网络图标，进入"配置"，选中 TCP/IP 协议，单击属性，弹出对话框如图 13-12 所示。

在适配器下的列表框中会自动列出两个网卡，选中主网网卡，在 IP 地址栏中指定 IP 地址为：100.100.100.1，子网掩码为：255.255.255.0，默认网关可先不设置。然后从适配器下的列表框中选中从网的网卡，在 IP 地址栏中指定 IP 地址为：200.200.200.1，子网络掩码为：255.255.255.0，默认网关可先不设置。

对于网络的其他每个站点都这样设置，例如"报警数据站"，网卡 1 的 IP 地址为：100.100.100.2，子网掩码为 255.255.255.0，网卡 2 的 IP 地址为：200.200.200.2，子网掩码为 255.255.255.0。

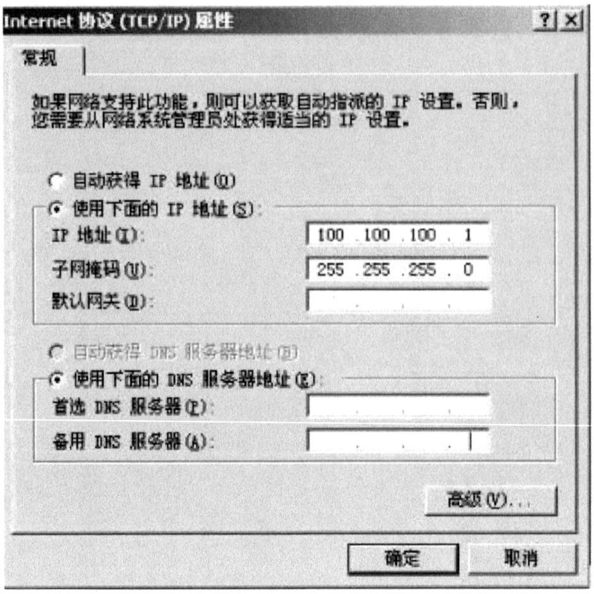

图 13-12 设置网卡的 IP 地址

2. 组态王网络配置

在"数据采集站"上选择组态王工程浏览器中的"网络配音"项，双击该项，弹出如图 13-13 所示对话框，选择"连网"选项，在"本机节点名"处键入本机名称，例如"数据采集站"，或者是本机的主网网卡 IP 的地址，例如"100.100.100.1"，在备份网卡中输入网卡 2 的 IP 地址，例如"200.200.200.1"。

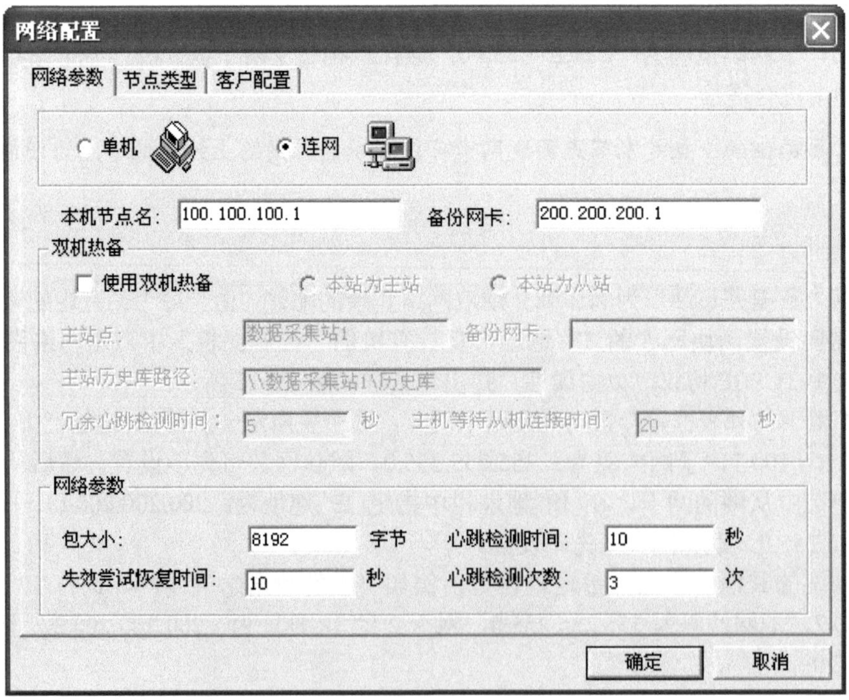

图 13-13 设置网络参数

对于网络上的其他每个站点都这样设置，例如"报警数据站"，本机节点名为"报警数据站"，或者输入 IP 地址"100.100.100.2"，备份网卡输入"200.200.200.2"。

注：只有在构造了局域网的条件下，"本机节点名"中输入机器名才有效，否则只能用 IP 地址，并且在有备份网卡的情况下，"本机节点名"只能是主网网卡的 IP 地址。

当主网出现故障时，将切换到从网通信；当一个站点由于一个网卡或一段网线出现故障，而与其他站点的网络通信出现故障时，它的备份网卡将切换到工作状态，例如"数据采集站"的 A 网卡出现故障时，它的 B 网卡将与"报警数据站"等网络上的其他站点通过从网进行通信。对于双设备、双机和双网络冗余这三种冗余方式，设计者可综合运用，可以同时采取三种冗余方式或采取其中的任意一种或两种。采用冗余后，系统运行时将更加稳定、可靠，对各种情况都能应付自如。

13.4 工控软件组态王在铁路调度中应用举例

以往铁路调度系统都采用电话通信和人工记录等手段，随着计算机技术的发展，计算机网络系统在各行各业应用也越来越普遍。本文阐述计算机网络系统在铁路调度中的应用，介绍了局域网络设计，工控软件组态王在局域网络设计中的应用以及信号的采集等。

13.4.1 铁路调度系统计算机网络结构设计

本设计主要以佳木斯车站调度所为例，据此设计了二级计算机网络系统。下位机是信息采集计算机，它是直接面向工业控制过程的；上位机是中央显示处理机，它是面向操作、使用、调度和管理人员。下位信息采集计算机是根据铁路车站沿线分布的情况而设置的，主要是采集铁路沿线各个车站的行车控制设备（6502 电气集中设备）的各种信息。例如信号机的状态、进路状态、列车占用状态等有关行车指挥需要的信息，采集后通过计算机网络通信传输到调度所，因此下位信息采集计算机的数目是根据铁路车站沿线分布的情况而设置的，以佳木斯车站调度所为例可设为 6 个。调度所设置上位中央显示处理机，它是对各个车站采集后的数据进行处理，向调度指挥管理人员报告各个车站的列车行车状态，以便做到对各次列车的行车情况了如指掌，实现集中统一指挥的职能。

各个车站在地域上是分散的，一台计算机不能满足对信息巡回采集的要求，因此采用了各个车站都配置了 PC 总线工业控制机，型号是研华 IPC610，配置为 Pentium Ⅲ CPU 1.0GHz/128M 内存/40G 硬盘/集成显卡/52 倍光驱，由此构成的信息采集设备，满足了工业现场信息采集的要求。上位机中央显示处理机采用 PC 总线工业控制机，型号是研华 IPC610，配置增加为 Pentium Ⅳ CPU 3.4GHz/512M 内存/80M 硬盘/集成显卡/52 倍光驱，扩充了两个图形显示卡，匹配两台飞利浦 200WB720 英寸大屏幕分辨率 1680×1050@60Hz 的彩色监视器。由此设计铁路调度系统计算机网络结构，如图 13-14 所示。

上位机中央显示处理机有如下功能：

1）实现与多个信息采集计算机之间的数据通信。

2）进行信息分类处理，显示车站的信号、股道、列车占用状态等不同画面。

3）可以将信息的状态，管理人员操作情况用打印机打印记录下来。

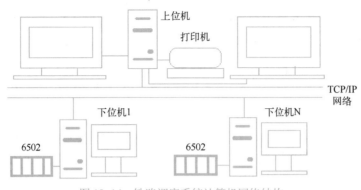

图 13-14　铁路调度系统计算机网络结构

13.4.2　铁路调度系统工控软件组态王组态设计

要实现组态王的网络功能，除了具备硬件设施外还必须对组态王各个站点进行网络配置，设置网络参数并定义在网络上进行数据交换的变量、报警数据和历史数据的存储和引用等。

（1）"网络参数"配置

在"网络参数"配置页中有以下项目：本地节点名（在此上位中央显示处理机设置为调度室客户机，下位机信息采集计算机设置为数据采集站 n，n 是数据采集站数目）、备份网卡、包大小、心跳检测时间（10s）、心跳检测次数（5 次）、失效尝试恢复时间（10s）。

（2）"节点类型"配置

在"节点类型"配置页中有以下项目：上位中央显示处理机设置为登录服务器、校时服务器和历史记录服务器，下位机信息采集计算机设置为 I/O 服务器。

13.4.3　铁路调度系统计算机网络冗余设计

由于铁路调度系统是一个实时监测和数据处理系统，不能停止，否则将造成重大行车事故。因此为了安全起见，必须设置冗余系统。

1. 双设备冗余

（1）双设备冗余概述与功能

双设备冗余，是指设备对设备的冗余，即两台相同的设备之间的相互冗余。对于比较重要的数据采集系统（本系统为下位机信息采集计算机），可以用两个完全一样的设备同时采集数据，并通过组态王与上位机通信。结构示意如图 13-15 所示。

图 13-15　铁路调度系统计算机网络冗余结构

正常情况下，主设备和从设备同时采集数据，但上位机只与主设备通信，若主设备通信出现故障，组态王将自动断开与主设备的连接，和从设备建立连接，从设备由热备状态转入运行状态，上位机通过组态王与从设备采集数据。此后，上位机一边与从设备通信，一边监视主设备的状态，当主设备恢复正常后，上位机自动停止与从设备通信，与主设备建立连接，进行通信，从设备又处于热备状态，从而保持数据的完整性。

（2）双设备冗余的设置

1）从设备定义一个逻辑名为从设备 2000，其他以此类推。

2）主设备定义一个逻辑名为主设备 2000，其他以此类推。

3）变量定义，在数据词典定义 I/O 实型变量，从设备不定义变量。

2. 双机热备

双机热备其构造思想是主机和从机通过 TCP/IP 网络连接，实现双机热备，完成以下功能：

1）实时数据的冗余。

2）历史数据的冗余。

3）报警信息的冗余。

4）用户登录列表的冗余。

13.4.4 板卡的设置

1. 板卡概述

为了采集行车控制设备 6502 的信息，下位机选用了研华 PCL722 板卡。本板卡的数字量输出/输入采用 6 片 8255 芯片，8255 的 A、B、C 口均可作为输入或输出，各口具体功能（输出还是输入）由控制字决定，支持 144 位的设置，将板卡设置为 144 位模式。

2. 板卡的配置

板卡配置的过程如下：

1）在"设备配置向导"选"新建板卡"，在"新建板卡"选"板卡/研华/PCL722 板卡"。

2）设置设备逻辑名称为"PCL_722"。

3）设置板卡地址为"2C0"，初始化字为"3，80"，输入为"单端"。

计算机网络系统在铁路调度应用中不仅提高了铁路调度系统的自动化水平，而且大大地减轻了调度人员的劳动强度，尤其增设了冗余系统，减少了以前电子调度系统的故障率，更进一步改善铁路调度系统。

习题与思考题

1）简述双设备冗余的基本设置步骤。

2）简述双机热备的实现原理。

3）双网络冗余的优势有哪些？

第 14 章
组态王历史库

数据存储功能对于任何一个工业系统来说都是至关重要的,随着工业自动化程度的普及和提高,工业现场对重要数据的存储和访问的要求也越来越高。一般组态软件都存在对大批量数据的存储速度慢、数据容易丢失、存储时间短、存储占用空间大、访问速度慢等不足之处,对于大规模的、高要求的系统来说,解决历史数据的存储和访问是一个刻不容缓的问题。为顺应这种发展趋势,组态王 6.5 提供高速历史数据库,支持毫秒级高速历史数据的存储和查询。采用最新数据压缩和搜索技术,数据库压缩比低于 20%,节省了磁盘空间。查询速度大大提高,一个月内数据按照每小时间隔查询,可以在 100ms 内迅速完成。完整实现历史库数据的后期插入、合并。可以将特殊设备中存储的历史数据片段通过组态王驱动程序完整的插入到历史库中;也可以将远程站点上的组态王历史数据片段合并到历史数据记录服务器上,从而真正的解决了数据丢失的问题。

14.1　组态王变量的历史记录属性

在组态王中,离散型、整型和实型变量支持历史记录,字符串型变量不支持历史记录。组态王的历史记录形式可以分为数据变化记录、定时记录(最小单位为 1min)和备份记录。记录形式的定义通过变量属性对话框中提供的选项完成。在工程浏览器的数据词典中找到需要定义记录的变量,双击该变量进入"定义变量"对话框,选择"记录和安全区"属性页,如图 14-1 所示。

记录属性的定义如下:

不记录:此选项有效时,则该变量值不进行历史记录。

数据变化记录:系统运行时,变量的值发生变化,而且当前变量值与上次的值之间的差值大于设置的变化灵敏度时,该变量的值才会被记录到历史记录中。这种记录方式适合于数据变化较快的场合。

变化灵敏度:定义变量变化记录时的阈值。

当"数据变化记录"选项有效时,"变化灵敏度"选项才有效。

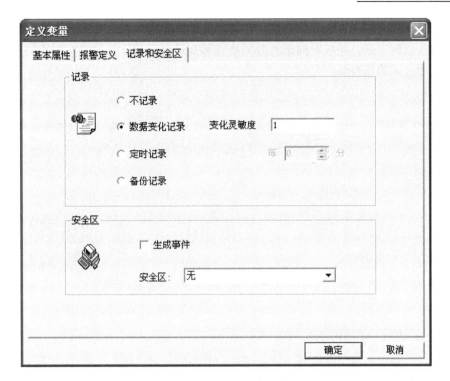

图 14-1 记录属性设置

例如：数据库中有一个实型变量，如果需要对该变量的值进行记录，而且规定其变化灵敏度为 1，则其记录过程如下：如果第一次记录值是 10，当第二次的变量值为 10.9 时，由于 10.9-10=0.9<1，也就是第二次变量值相对第一次记录值的变化小于设定的"变化灵敏度"，所以第二次变量值不进行记录，当第三次变量值为 12 时，由于 12-10.9=1.1>1，即变化幅度大于设定的"变化灵敏度"，所以此次变量值才被记录到历史记录中。

定时记录：无论变量变化与否，系统运行时按定义的时间间隔将变量的值记录到历史库中，每隔设定的时间对变量的值进行一次记录。最小定义时间间隔单位为 1min，这种方式适用于数据变化缓慢的场合。

备份记录：选择该项，系统在平常运行时，不再直接向历史库中记录该变量的数值，而是通过其他程序调用组态王历史数据库接口，向组态王的历史记录文件中插入数据。在进行历史记录查询等时，可以查询到这些插入的数据。这种方式一般用于环境复杂的、无人值守的数据采集点等场合。在这些场合使用的有些设备带有一定数量的数据存储器，可以存储一段时间内设备采集到的数据。但这些设备往往只是简单的记录数据，而不能进行历史数据的查询、浏览等操作，而且必须通过上位机的处理才可以看到。组态王 6.53 的历史库中直接提供了这些处理的功能。

例如：如图 14-2 所示。远程有若干具有历史记录功能的数据采集设备，中心控制室通过拨号网络与这些站点的数据采集设备循环连接。因为是与每个站点间断连接的，所以如果在中心站上直接记录数据的话，会造成间断记录历史数据的现象。而设备中存储的记录如果此时直接插入到历史库中，也会造成历史库混乱。在组态王 6.53 中完整的解决了这个问题。首先对应的变量的历史记录定义为"备份记录"，则无论系统是否与数据采集设备相连接，变量都不会向历史库中记录数据。当系统与某个设备连通后，系统通过驱动程序将设备中存储的历史记录读取上来，并按照约定的时间格式和变量类型等插入到组态王的历史库中。这样就保证了历史库的完整性。

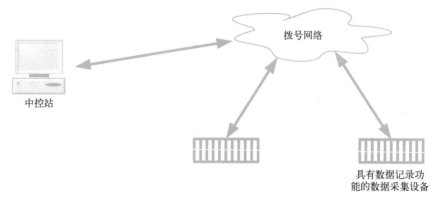

图 14-2　采集远程设备中的历史记录

14.2　历史记录存储及文件的格式

在组态王工程浏览器中，打开"历史记录配置"属性对话框。如图 14-3 所示。

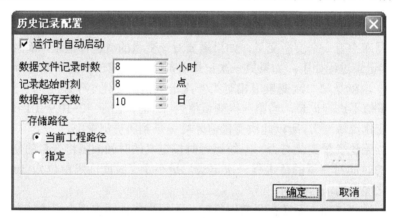

图 14-3　历史记录配置

1）历史记录的启动选择：如果选择"运行时自动启动"选项，则运行系统启动时，直接启动历史记录。否则，运行时用户也可以通过系统变量"$启动历史记录"来随时启动历史记录。或通过选择运行系统中"特殊"菜单下的"启动历史记录"命令来启动历史记录。

2）历史库文件保存时间长度设置：在"数据保存天数""编辑框中选择历史库保存的时间长度。最长为 8000 天，最短为 1 天。当到达规定的时间时，系统将自动删除最早的历史记录文件。

3）历史库存储路径的选择：历史库的存储路径可以选择当前工程路径，也可以指定一个路径。如果工程为单机模式运行，则系统在指定目录下建立一个"本站点"目录，存储历史记录文件。如果是网络模式，本机为"历史记录服务器"，则系统在该目录下为每个与本机连接的 I/O 服务器建立一个目录（本机的目录名称为本机的节点名，I/O 服务器的目录名称为 I/O 服务器的站点名），分别保存来自各站点的历史数据。

4）历史记录文件格式：组态王的历史记录文件包括三种：*.tmp、*.std、*.ev。其中 *.tmp 为临时的数据文件，*.std 为压缩的原始数据文件，*.ev 为进行了数据处理的特征值文件，供组态王历史趋势曲线调用。为了保证数据记录的快速和稳定，保证系统的运行效率，当被记录的变量的值发生变化或者定时记录中所设定的时间间隔到达后，组态王的历史记录首先被记录到一个临时文件中，该文件的文件名格式类似为 project200308200700.tmp（project 年月日时.tmp），每一小时生成一个，该文件不是压缩文件，而每到整点时间如 8 点时，运行系统读出.temp 文件中的数据进行压缩处理并生成真正的历史库记录文件——.std 文件，如 project200308200700.std。数据压缩处理完成后，生成一个新的时刻的.tmp 文件，上一个小时的.tmp 文件则被删除。组态王每一天的历史数据保存为一个.std 文件。在每个整点时刻，组态王读出.tmp 文件中的数据进行压缩处理的同时，要对原始的数据文件进行算法过滤，生成.ev 文件，如 project200300.ev，此文件专供组态王的历史趋势曲线调用，每一年生成一个新的 ev 文件。

注：历史记录配置对话框中的"数据文件记录时数"和"记录起始时刻"不起作用，保留它只是为了保证版本的兼容性。

14.3　历史数据的查询

在组态王运行系统中可以通过以下方式查询历史数据：报表和历史趋势曲线。

1）使用报表查询历史数据：主要通过以下两个函数实现：ReportsetHistdata()和 ReportsetHistData2()。有关这两个函数的说明及使用方法请参见报表历史数据查询函数或查看命令语言函数。

2）使用历史趋势曲线查询历史数据。组态王提供三种形式的历史趋势曲线：

① 历史趋势曲线控件。历史趋势曲线控件的使用方法请参见历史趋势曲线控件。

② 图库中的历史趋势曲线。使用方法请参见通用历史趋势曲线。

③ 工具箱中的历史趋势曲线。使用方法请参见个性化历史趋势曲线。

用户可以根据自己的需要来选择使用哪种曲线。

14.4　网络历史库的备份合并

在使用组态王网络功能时，有些系统中历史记录服务器与 I/O 服务器不是经常连接的，而是间断连接的，如拨号网络连接的网络系统。在这种情况下，I/O 服务器上变量的历史记录数据如果在网络不通的时候很容易丢失。为了解决这个问题，组态王中专门提供了网络历史库存储"备份合并"的功能。在一般的网络里，I/O 服务器是不进行历史库记录的，而是将所有的数据都发送到历史记录服务器上进行记录。在组态王的"网络配置"中提供了一个选项"进行历史数据备份"。如图 14-4 所示。网络配置的其他选项及功能请参见第 9 章组态王的网络连接及 For Internet 应用。

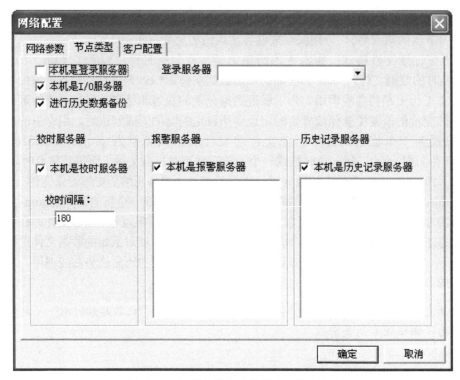

图 14-4 I/O 服务器上选择历史数据库备份

在 I/O 服务器上选择该项，则系统运行时，I/O 服务器自动记录本机产生的历史记录。在历史记录服务器上建立远程站点时，可以看到 I/O 服务器记录历史记录的选项，如图 14-5所示。

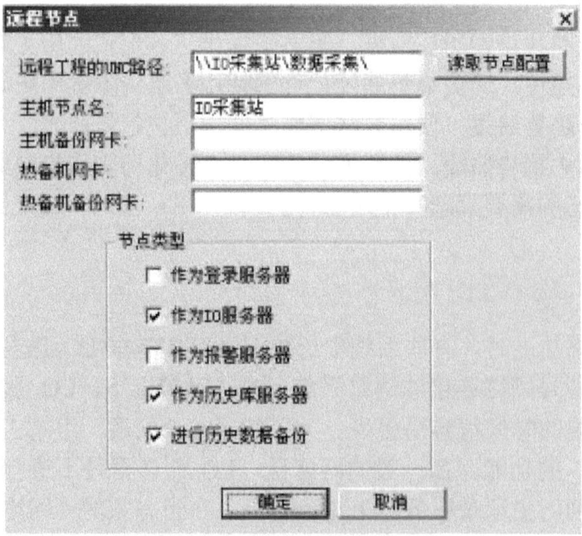

图 14-5 在历史记录服务器上建立远程站点

注：进行历史数据备份的站点，必须在"网络配置"中选择"本机是历史记录服务器"，否则无法进行历史记录。

然后定义历史记录服务器的节点类型，如图 14-6 所示。

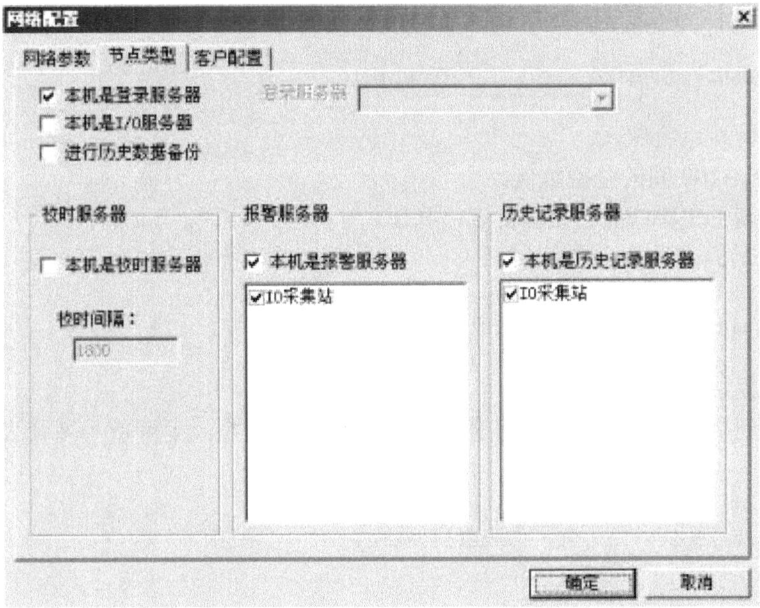

图 14-6　定义历史记录服务器的节点类型

这样当系统运行时，无论网络连通与否，历史记录服务器都不会记录来自 I/O 服务器上的变量的实时库中的值。在网络连通时，需要用户通过命令语言调用组态王提供的历史库备份函数——BackUpHistData()来将 I/O 服务器上的历史数据传送到历史记录服务器上。BackUpHistData()函数的使用方法如下：

函数名称：BackupStationData (Str *chMchinename，Long ftEndtime）

功能：通过网络与远程站点建立连接，将远程站点的数据从上一次备份的时间到ftEndtime 的时间段之间的数据备份到服务器中。

返回值：BOOL 型。当函数调用成功函数返回 TRUE，否则返回 FALSE。

参数 1：chMchinename 字符串型，远程站点 I/O 服务器名称，服务程序通过该名称与远程站点建立连接。

参数 2：ftEndtime 代表时间的长整型秒数，指定备份的结束时间。可以使用 HTConvertTime() 函数来获得结束时间的整型。

例如：在历史记录服务器上备份"I/O 采集站"的历史记录到当前时间。在命令语言中按照以下方法实现。

```
long endTime;
endTime=HTConvertTime($年,$月,$日,$时,$分,0);
BackUpHistData("IO 采集站", endTime);
```

历史库每次备份完成后，都会自动记录本次备份的结束时间，下次备份时，起始时间为上次备份结束的时间，所以在使用备份函数时，只需要定义结束时间即可。另外，为了让用户更清楚地了解到备份的过程进度和结果，以及获得出现的错误信息等，组态王提供了以下函数供用户使用。

1．获取备份进度函数

int GetBackupProgress(Str szStationName);

参数：远程站点名称。

返回值：0～100 间的整型数值。

功能：得到正在备份的站点的进度百分比。

2．获取备份状态函数

BOOL GetStationStatus(Str szStationName);

参数：远程站点名称。

功能：得到站点的状态值，返回值>0 代表正在备份数据，返回值 ＝0 代表空闲。

3．停止备份函数

BOOL StopBackupStation(Str szStationName);

参数：远程站点名称。

功能：强制停止正在备份的远程站点。

习题与思考题

1）组态王历史库文件中，如果超过最长时间长度，系统将如何处理文件?

2）使用报表查询历史数据主要用到哪些函数?

组态王支持动态数据交换（Dynamic Data Exchange，DDE），能够和其他支持动态数据交换的应用程序进行数据交换，通过 DDE，编程人员可以利用计算机中丰富的软件资源来扩充组态王的功能，如可以利用 VisualBasic 开发服务程序，完成数据采集、报表打印和多媒体声光提示等多种功能，从而组成一个完整的上位机管理系统，此外，组态王还可以通过 DDE 和数据库、人工智能程序、专家系统等进行交互和通信。

15.1 动态数据交换的概念

DDE（动态数据交换）是 Windows 平台上的一个完整的通信协议，它使支持动态数据交换的两个或多个应用程序能彼此交换数据和发送指令。DDE 始终发生在客户应用程序和服务器应用程序之间。DDE 过程可以比喻为两个人的对话，一方向另一方提出问题，然后等待回答。提问的一方称为"顾客"（Client），回答的一方称为"服务器"（Server）。一个应用程序可以同时是"顾客"和"服务器"：当它向其他程序中请求数据时，它充当的是"顾客"；若有其他程序需要它提供数据，它又成了"服务器"。

DDE 对话的内容是通过三个标识名来约定的：

应用程序名（application）：进行 DDE 对话的双方的名称。商业应用程序的名称在产品文档中给出。"组态王"运行系统的程序名是"VIEW"；Microsoft Excel 的应用程序名是"Excel"；Visual Basic 程序使用的是可执行文件的名称。

主题（topic）：被讨论的数据域（domain）。对"组态王"来说，主题规定为"tagname"；Excel 的主题名是电子表格的名称，比如 sheet1、sheet2 …；Visual Basic 程序的主题由窗体（Form）的 LinkTopic 属性值指定。

项目（item）：这是被讨论的特定数据对象。在"组态王"的数据词典里，工程人员定义 I/O 变量的同时，也定义项目名称（参见 2.3 节定义外部设备和数据变量）。Excel 里的项目是单元，比如 r1c2（r1c2 表示第一行、第二列的单元）。对 Visual Basic 程序而言，项目是一个特定的文本框、标签或图片框的名称。

建立 DDE 之前，客户程序必须填写服务器程序的三个标识名。为方便使用，三个标识名列表见表 15-1。

表 15-1　客户程序填写服务器程序的标识名

	应用程序名		主题		项目	
	规定	例子	规定	例子	规定	例子
组态王	VIEW		tagname		工程人员自己定义	温度
Excel	Excel		电子表格名	sheet1	单元	r2c2
VB	可执行文件名	vbdde	窗体的 LinkTopic 属性	Form1	控件的名称	Text

15.2　组态王与 Excel 间的数据交换

为了建立 DDE 连接，需要在"组态王"的数据词典里新建一个 I/O 变量，并且登记服务器程序的三个标识名。当 Excel 作为"顾客"向"组态王"请求数据时，要在 Excel 单元中输入远程引用公式：

=VIEW|TAGNAME!设备名.寄存器名

此"设备名.寄存器名"指的是"组态王"数据词典里 I/O 变量的设备名和该变量的寄存器名。设备名和寄存器名的大小写一定要正确。

15.2.1　组态王访问 Excel 的数据

在本例中，假设"组态王"访问 Excel 的数据，"组态王"作为客户程序向 Excel 请求数据。数据流向如图 15-1 所示。

图 15-1　组态王访问 Excel 的数据流向

"组态王"作为客户程序，需要在定义 I/O 变量时设置服务器程序 Excel 的三个标识名，即：服务程序名设为 Excel，话题名设为电子表格名，项目名设置成 Excel 单元格名。具体步骤如下：

1. 在"组态王"中定义 DDE 设备

在工程浏览器中，从左边的工程目录显示区中选择"设备\DDE"，然后在右边的内容显示区中双击"新建"图标，则弹出"设备配置向导"（DDE 设备的配置参见 2.3 节定义外部设备和数据变量），已配置的 DDE 设备的信息总结列表框如图 15-2 所示。

定义的连接对象名为 Excel（也就是连接设备名），定义 I/O 变量时要使用此连接设备。

2. 在"组态王"中定义变量

在工程浏览器左边的工程目录显示区中，选择"数据库\数据词典"，然后在右边的目录内容显示区中用左键双击"新建"图标，弹出"变量属性"对话框，在此对话框中建立一个 I/O 实型变量。如图 15-3 所示。变量名设为"FromExcelToView"，项目名设为"r2c1"，表明此变量将和 Excel 第二行第一列的单元进行连接。

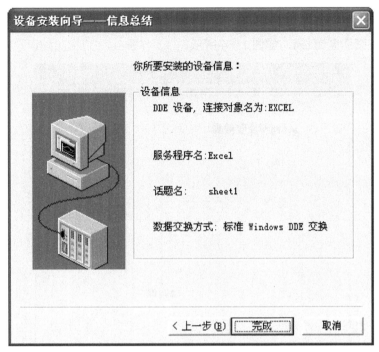

图 15-2　利用设备配置向导定义 DDE 设备

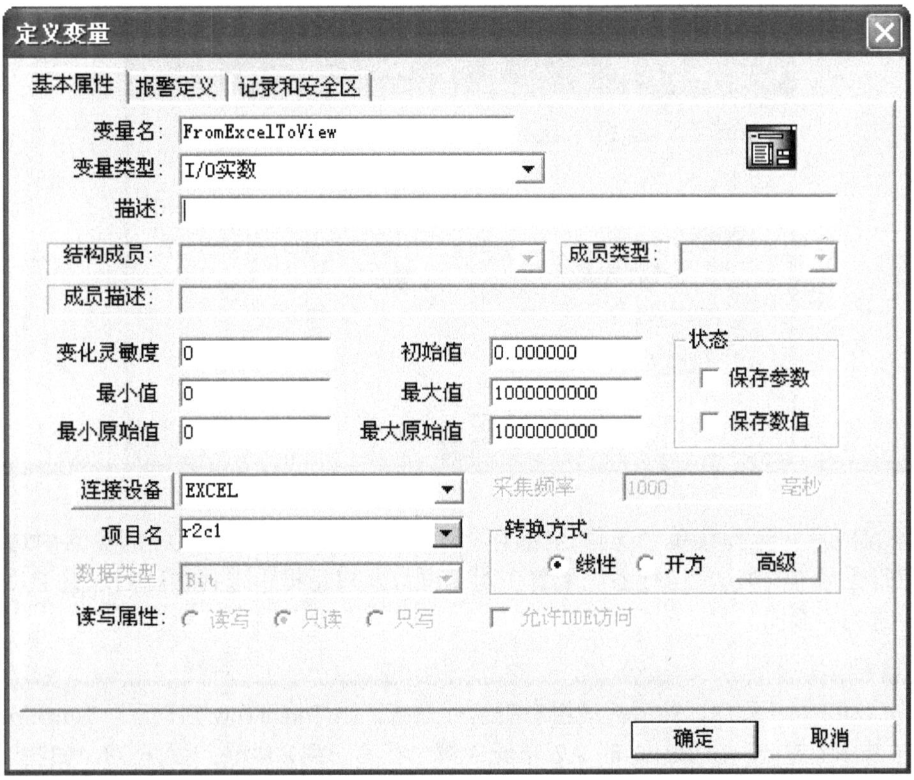

图 15-3　组态王定义变量并与 Excel 进行连接

3. 创建"组态王"画面

新建组态王画面名为 test，如图 15-4 所示。

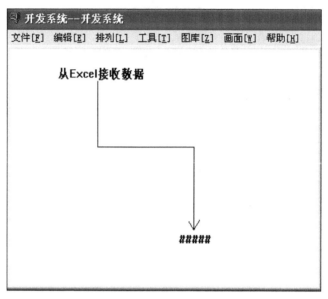

图 15-4　组态王运行系统输出变量

为文本对象"#####"设置"模拟值输出"的动画连接，如图 15-5 所示。

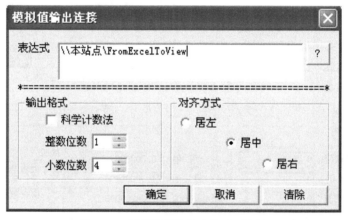

图 15-5　设置模拟值输出的动画连接

设置完成后，选择菜单"文件\全部存"命令，保存画面。在工程浏览器中选择菜单"配置\运行系统"，弹出"运行系统配置"对话框，从对话框中选择主画面配置卡片，将画面 test 设置为主画面。

4. 启动应用程序

首先启动 Excel 程序，然后启动组态王运行系统。当 TouchVew 启动后，TouchVew 就自动开始与 Excel 连接。在 Excel 的 A2 单元（第二行第一列）中输入数据 78，如图 15-6 所示，可以看到，TouchVew 中的数据也同步变化。如图 15-7 所示。

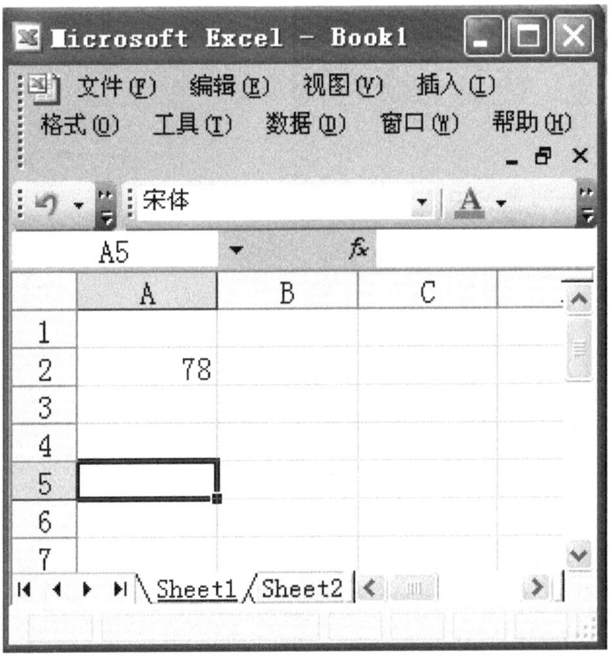

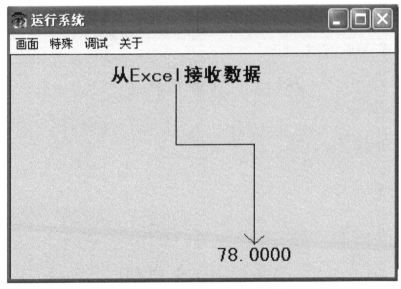

图 15-6　在 Excel 的 A2 单元（第二行第一列）中输入数据 78

图 15-7　组态王访问 Excel 交换数据

特别地，在 Excel 的 A1 单元中输入一个数值，A2 单元中输入公式=SQRT(A1)，公式的含义是：A2 单元的值是 A1 单元值的平方根，如图 15-8 所示。利用 Excel 的功能，默认情况下，每当任一数据发生变化时，公式的值都将重新计算。单元 A1 的值改变时，单元 A2 的值也将同时变化，并传给"组态王"中与之有连接的变量。如图 15-9 所示。在"组态王"中就可以得到这个变量的平方根，好像"组态王"在独立计算一样。用类似的方法，可以极大地扩充"组态王"的功能。（在"组态王"中也有求平方根函数，此处仅以 Excel 的函数为例）。

图 15-8　在 Excel A2 单元中输入公式=SQRT(A1)及公式 A1 输入数据 16

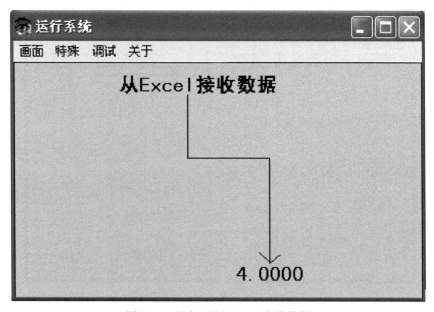

图 15-9　组态王访问 Excel 交换数据

15.2.2　Excel 访问组态王的数据

在本例中，假设"组态王"通过驱动程序从下位机采集数据，Excel 又向"组态王"请求数据。"组态王"既是驱动程序的"客户"，又充当了 Excel 的服务器，Excel 访问组态王的数据。数据流向如图 15-10 所示。

图 15-10　Excel 访问组态王的数据流向

具体步骤如下：

1. 在"组态王"中定义设备

在工程浏览器中，从左边的工程目录显示区中选择"设备"，然后在右边的内容显示区中双击"新建"图标，则弹出"设备配置向导"（设备的配置可请参见 2.3 节定义外部设备和数据变量，在这里比如建立了 OMRON 的 PLC），已配置的设备的信息总结列表框如图 15-11 所示。

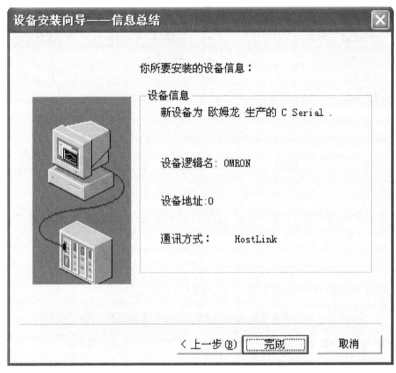

图 15-11　设备安装向导

定义的连接对象名为 OMRON（也就是连接设备名），定义 I/O 变量时要使用此连接设备。

2. 在"组态王"中定义 I/O 变量

在工程浏览器左边的工程目录显示区中，选择"数据库\数据词典"，然后在右边的目录内容显示区中用左键双击"新建"图标，弹出"变量属性"对话框，在此对话框中建立一个 I/O 实型变量。如图 15-12 所示。变量名设为"FromViewToExcel"，这个名称由工程人员自己定义。必须勾选"允许 DDE 访问"选项。该选项用于组态王能够从外部采集来的数据传送给 VB 或 EXCEL 或其他应用程序使用。该变量的项目名为"OMRON.AR001"。变量名在"组态王"中使用，项目名是供 Excel 引用的。连接设备为"OMRON"，用来定义服务器程序的信息。

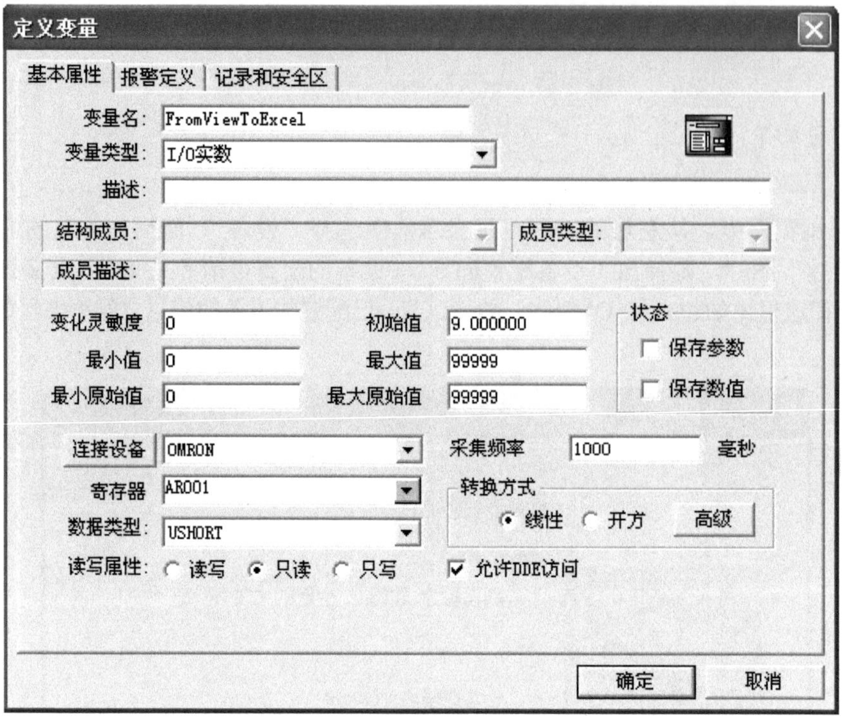

图 15-12　Excel 定义变量并与组态王进行连接

注：在定义变量时必须要勾选"允许 DDE 访问"，否则在客户应用程序不能访问到组态王的变量。

3. 创建画面

在组态王开发系统中建立画面 test1，如图 15-13 所示。

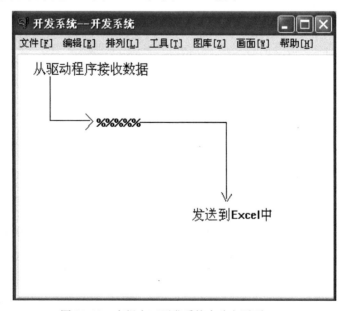

图 15-13　在组态王开发系统中建立画面 test1

为文本对象"%%%%%%"设置"模拟值输出连接"动画连接，如图 15-14 所示。

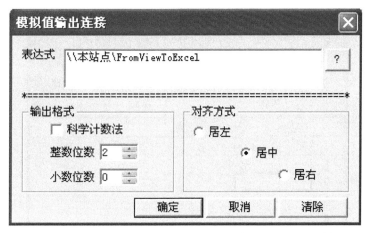

图 15-14　为文本对象"%%%%%%"设置模拟值输出动画连接

选择菜单"文件\全部存"，保存画面。在工程浏览器中选择菜单"配置\运行系统"，弹出"运行系统配置"对话框，从对话框中选择主画面配置卡片，将画面 test1 设置为主画面。

4. 启动应用程序

启动"组态王"画面运行系统 TouchVew。TouchVew 启动后，如果数据词典内定义的有 I/O 变量，TouchVew 就自动开始连接。然后启动 Excel。如图 15-15 所示，选择 Excel 的任一单元，比如 r1c1，输入远程公式:=VIEW|tagname!OMRON.AR001。

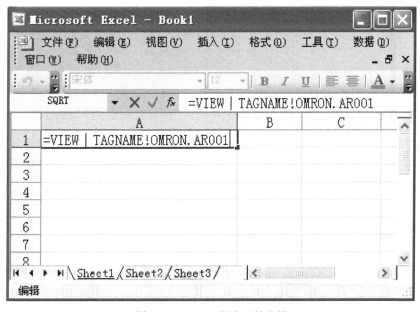

图 15-15　Excel 组态王的变量

VIEW 和 tagname 分别是"组态王"运行系统的应用程序名和主题名，OMRON.AR001 是"组态王"中的 I/O 变量 FromViewToExcel 的项目名。在 Excel 中只能引用项目名，不能直接使用"组态王"的变量名。输入完成后，Excel 进行连接，如图 15-16 所示。若连接成功，画面 test1 将显示数值，如图 15-17 所示。

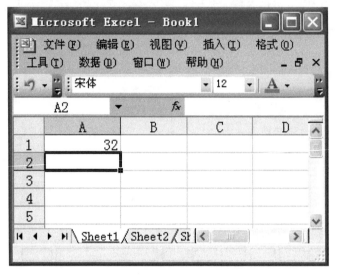

图 15-16　在 Excel 的 A1 单元（第一行第一列）中输入数据 32

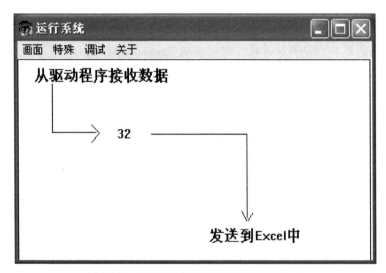

图 15-17　连接成功后组态王运行系统输出

15.3　组态王与 VB 间的数据交换

在 Visual Basic 可视化编程工具中，DDE 连接是通过控件的属性和方法来实现的。对于作"顾客"的文本框、标签或图片框，要设置 LinkTopic、LinkItem、LinkMode 三个属性。

```
control.LinkTopic=服务器程序名|主题名
control.LinkItem=项目名
```

其中，control 是文本框、标签或图片框的名字。

control.LinkMode 有四种选择：**0**=关闭 DDE；**1**=热连接；**2**=冷连接；**3**=通告连接。

如果"组态王"作为"顾客"向 VB 请求数据，需要在定义变量时说明服务器程序的三个标识名，即：应用程序名设为 VB 可执行程序的名字，把话题名设为 VB 中窗体的 LinkTopic 属性值，项目名设为 VB 控件的名字。

15.3.1　组态王访问 VB 的数据

在本例中，假设"组态王"访问 VB 的数据，"组态王"作为客户程序向 VB 请求数据。数据流向如图 15-18 所示。

图 15-18　组态王访问 VB 的数据流向

使 VB 成为"服务器"很简单，只需要在"组态王"中设置服务器程序的三个标识名，并把 VB 应用程序中提供数据的窗体的 LinkMode 属性设置为 1，具体步骤如下：

1. 运行可视化编程工具 Visual Basic

选择菜单"File\New Project"，显示新窗体 Form1。设计 Form1，将窗体 Form1 的 LinkMode 属性设置为 1-Source，如图 15-19 所示。

图 15-19　VB 中建立窗体和控件

修改 VB 中窗体和控件的属性：

窗体 Form1 属性：LinkMode 属性设置为 1-Source；LinkTopic 属性设置为 FormTopic，这个值将在"组态王"中引用。

文本框 Text1 属性：Name 属性设置为 Text_To_View，这个值也将在"组态王"中被引用。

2. 生成 vbdde.exe 文件

在 Visual Basic 菜单中选择"File\Save Project"，为工程文件命名为 vbdde.vbp，这将使生成的可执行文件默认名变为 vbdde.exe。选择菜单"File\Make EXE File"，生成可执行文件 vbdde.exe。

3. 在"组态王"中定义 DDE 设备

在工程浏览器中，从左边的工程目录显示区中选择"设备\DDE"，然后在右边的内容显示区中双击"新建"图标，则弹出"设备配置向导"（DDE 设备的配置可请参见 2.3 节定义外部设备和数据变量），已配置的 DDE 设备的信息总结列表框如图 15-20 所示。定义 I/O 变量时要使用定义的连接对象名 VBDDE（也就是连接设备名）。

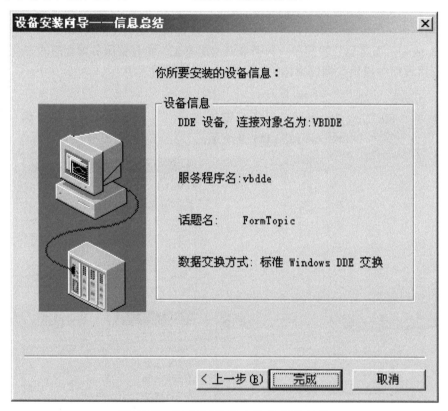

图 15-20　在"组态王"中定义 DDE 设备

4. 在工程浏览器中定义新变量

在工程浏览器中定义新变量，变量名为 FromVBToView1，项目名设为服务器程序中提供数据的控件名，此处是文本框 Text_To_View1，连接设备为 VBDDE。"变量属性"对话框如图 15-21 所示。

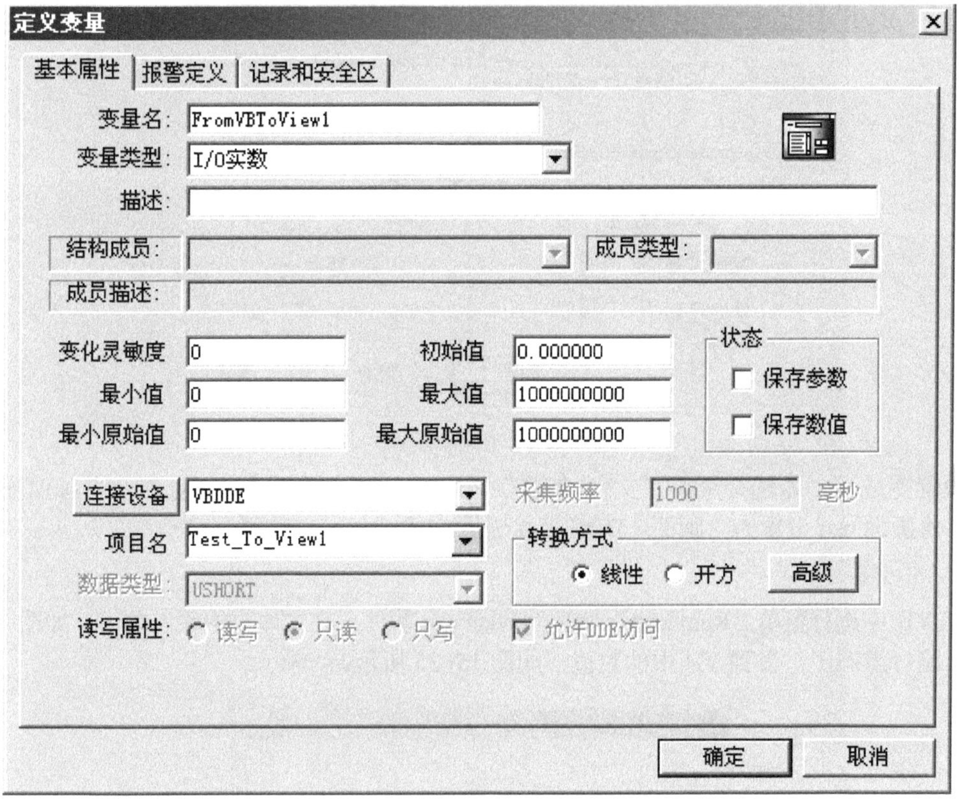

图 15-21　在组态王中定义 I/O 变量

5. 创建"组态王"画面

新建组态王画面名为 test，如图 15-22 所示。

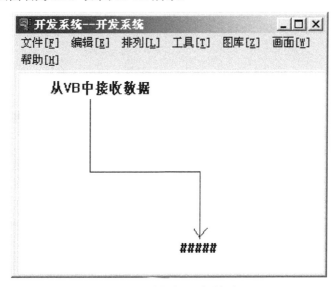

图 15-22　新建组态王画面名为 test

为对象"#####"设置"模拟值输出"的动画连接，如图 15-23 所示。

图 15-23　组态王为变量模拟值输出建立动画连接

设置完成后，先选择菜单"文件\全部存"选项。再选择菜单"数据库＼主画面配置"选项，将画面 test 设置为主画面，DDE 连接设置完成。

6. 执行应用程序

在 VB 中选择菜单"Run\Start"，运行 vbdde.exe 程序，在文本框中输入数值，如图 15-24 所示。运行组态王，得到 VB 中的数值，如图 15-25 所示。

图 15-24　在 VB 文本框中输入数值

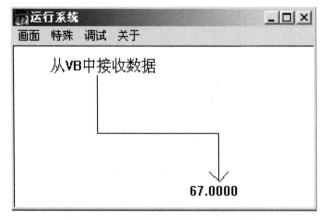

图 15-25　在组态王得到 VB 中的数值

如果画面运行异常，选择 TouchVew 菜单中"特殊\重新建立未成功的 DDE 连接"选项，连接完成后再试一试以上程序。

15.3.2　VB 访问组态王的数据

在本例中，假设 VB 访问"组态王"的数据，VB 作为客户程序向"组态王"请求数据。"组态王"通过 OMRON 驱动程序从下位机采集数据，VB 又向"组态王"请求数据，数据流向如图 15-26 所示。

图 15-26　VB 访问组态王的数据流向

1. 在"组态王"中定义设备

在工程浏览器中，从左边的工程目录显示区中选择"设备"，然后在右边的内容显示区中双击"新建"图标，则弹出"设备配置向导"（设备的配置可请参见 2.3 节定义外部设备和数据变量，在这里比如建立了 OMRON 的 PLC），已配置的设备的信息总结列表框如图 15-27 所示。

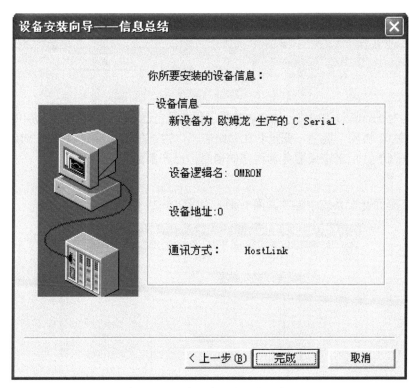

图 15-27　在组态王中定义设备

定义的连接对象名为 OMRON（也就是连接设备名），定义 I/O 变量时要使用此连接设备。

2. 在"组态王"中定义 I/O 变量

在工程浏览器左边的工程目录显示区中，选择"数据库\数据词典"，然后在右边的目录内容显示区中用左键双击"新建"图标，弹出"变量属性"对话框，在此对话框中定义一个

I/O 实型变量，如图 15-28 所示。

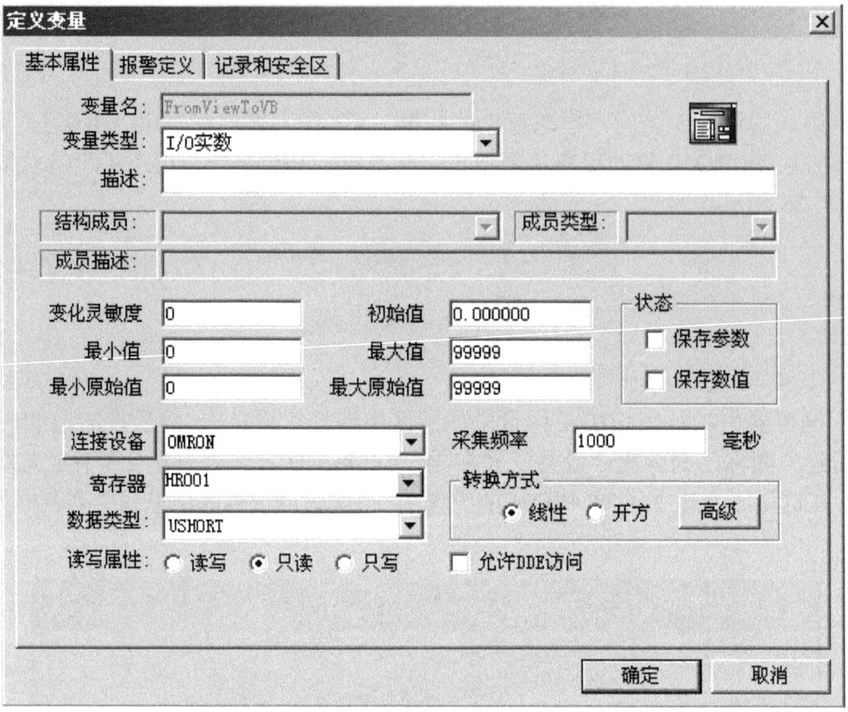

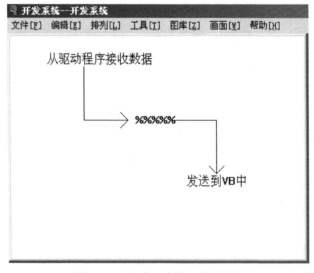

图 15-28   在组态王中定义 I/O 实型变量

变量名设为 FromViewToVB，这个名称由工程人员自己定义。项目名为 OMRON.HR001。选中"允许 DDE 访问"选项。变量名在"组态王"内部使用，项目名是供 VB 引用的，连接设备为 OMRON，用来定义服务器程序的信息，已在前面定义。

3. 创建画面

在组态王画面开发系统中建立画面 test1，如图 15-29 所示。

图 15-29   组态王中输出变量画面

为文本对象"%%%%%%"设置"模拟值输出"动画连接如图 15-30 所示。

图 15-30　组态王为变量输出建立动画连接

先选择菜单"文件\全部存"选项，保存画面。再选择菜单"数据库\主画面配置"选项，将画面 test1 设置为主画面。

4．运行可视化编程工具 Visual Basic

继续使用上一节的例子，设计 Form1 如图 15-31 所示。

```
Form1
    变量：发送到组态王

    Text1

    变量：从组态王接收


    Text2
```

图 15-31　VB 建立窗体和控件

5．编制 Visual Basic 程序

双击 Form1 窗体中任何没有控件的区域，弹出"工程 1-Form1(Code)"窗口，在窗口内书写 Form_Load 子例程，如图 15-32 所示。

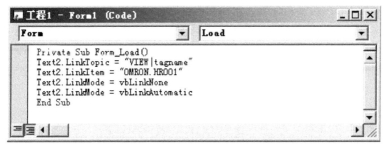

图 15-32　VB 中为控件建立与组态王变量的连接

6. 生成可执行文件

在 VB 中选择菜单"File\Save Project"保存修改结果。选择菜单"File\Make Exe File"生成 vbdde.exe 可执行文件。激活 OMRON 驱动程序和"组态王"运行系统 TouchVew。在 Visual Basic 菜单中选择"Run\Start"运行 vbdde.exe 程序。窗口 Form1 的文本框 Text2 中将显示出变量的值，如图 15-33 所示。

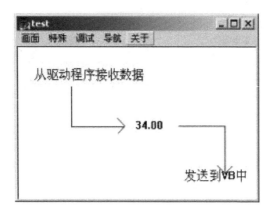

图 15-33　VB 接收组态王的数据

15.4　如何重新建立 DDE 连接

15.4.1　重新建立 DDE 连接菜单命令

在 TouchVew 启动时，自动进行 DDE 连接，若有未成功的连接，则显示信息如图 15-34 所示。

图 15-34　建立 DDE 连接未成功信息

对话框各项意义如下：

继续：放弃此 DDE 连接的建立，而继续建立下一个连接。

再试：再次尝试建立此 DDE 连接。通常情况下，在建立 DDE 失败时，往往是因为没有先启动服务程序，此时，可用〈Alt+Tab〉键切换到文件管理器，启动服务程序后，再选此按钮；也可以暂时放弃建立连接，进 TouchVew 后选择菜单"特殊\重新建立未成功的连接"选项。

退出：选此按钮，则整个 TouchVew 程序退出。

关闭信息框：选此按钮，关闭"建立 DDE 失败"对话框，但是当前的 DDE 连接没有成功。

15.4.2　重新建立 DDE 连接函数

与 DDE 连接有关的函数有两个："ReBuildDDE();"和"ReBuildConnectDDE();"，具体介绍如下：

（1）ReBuildDDE();

此函数用于重新建立 DDE 连接。

调用形式：

```
ReBuildDDE();
```

此函数无参数。

（2）ReBuildConnectDDE();

此函数用于重新建立未成功的 DDE 连接。

调用形式：

```
ReBuildConnectDDE();
```

此函数无参数。

习题与思考题

1）动态数据交换（DDE）中是通过哪三个标识名来约定的？

2）简述组态王访问 Excel 的数据流向。

3）简述组态王访问 VB 的数据流向。

第 16 章 OPC 设备

OPC 是 OLE for Process Control 的缩写，即把 OLE 应用于工业过程控制领域。OLE 原意是对象链接和嵌入，随着 OLE 2 的发行，其范围已远远超出了这个概念。现在的 OLE 包容了许多新的特征，如统一数据传输、结构化存储和自动化等，它已经成为独立于计算机语言、操作系统甚至硬件平台的一种规范，是面向对象程序设计概念的进一步推广。OPC 建立在 OLE 规范之上，它为工业控制领域提供了一种标准的数据访问机制。

16.1 OPC 简介

16.1.1 OPC 和组态王的连接

工业控制领域中常用到大量的现场设备，在 OPC 出现以前，软件开发商需要开发大量的驱动程序来连接这些设备。当硬件供应商在硬件上做了一些小小改动，应用程序就可能需要重写；同时，由于不同设备甚至同一设备不同单元的驱动程序也有可能不同，软件开发商很难同时对这些设备进行访问以优化操作。硬件供应商也在尝试解决这个问题，然而由于不同客户有着不同的需要，同时也存在着不同的数据传输协议，因此也一直没有完整的解决方案。

自 OPC 提出以后，这个问题终于得到解决。OPC 规范包括 OPC 服务器和 OPC 客户两个部分，其实质是在硬件供应商和软件开发商之间建立了一套完整的"规则"，只要遵循这套规则，数据交互对两者来说都是透明的，硬件供应商无须考虑应用程序的多种需求和传输协议，软件开发商也无须了解硬件的实质和操作过程。如图 16-1 所示。

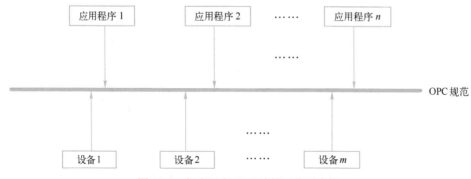

图 16-1 组态王和 OPC 连接工作示意图

OPC 的优越性是显而易见的：

1）硬件供应商只需提供一套符合 OPC Server 规范的程序组，无须考虑工程人员需求。

2）软件开发商无须重写大量的设备驱动程序。

3）工程人员在设备选型上有了更多的选择。

4）OPC 扩展了设备的概念。只要符合 OPC 服务器的规范，OPC 客户都可与之进行数据交互，而无须了解设备究竟是 PLC 还是仪表，甚至在数据库系统上建立了 OPC 规范，OPC 客户也可与之方便地实现数据交互。

16.1.2　OPC 的适用范围

OPC 设计者们最终目标是在工业领域建立一套数据传输规范，并为之制定一系列的发展计划。现有的 OPC 规范涉及如下领域：

1）在线数据监测：实现了应用程序和工业控制设备之间高效、灵活的数据读写。

2）报警和事件处理：提供了当 OPC 服务器发生异常时，以及 OPC 服务器设定事件到来时向 OPC 客户发送通知的一种机制。

3）历史数据访问：实现了读取、操作、编辑历史数据库的方法。

4）远程数据访问：借助 Microsoft 的 DCOM 技术，OPC 实现了高性能的远程数据访问能力。

OPC 近期将实现的功能还包括安全性、批处理、历史报警事件数据访问等。

OPC 的设计者在设计 OPC 时遵循如下原则：

① 易于实现。

② 灵活满足多种客户需求。

③ 强大的功能。

④ 高效的操作。

16.1.3　OPC 的基本概念

1. 服务器、组、数据项

OPC 服务器由三类对象组成：服务器（Server）、组（Group）、数据项（Item）。服务器对象（Server）拥有服务器的所有信息，同时也是组对象（Group）的容器。组对象（Group）不仅拥有本组的所有信息，同时包容并且组织 OPC 数据项（Item）。

OPC 组对象（Group）提供了客户组织数据的一种方法。客户可对之进行读写，还可设置客户端的数据更新速率。当服务器缓冲区内数据发生改变时，OPC 将向客户发出通知，客户得到通知后再进行必要的处理，而无须浪费大量的时间进行查询。OPC 规范定义了两种组对象：公共组和局部组（私有组）。公共组由多个客户共有，局部组只隶属于一个 OPC 客户。一般说来，客户和服务器的一对连接只需要定义一个组对象。在每个组对象中，客户可以加入多个 OPC 数据项（Item）。如图 16-2 所示。

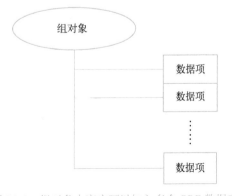

图 16-2　组对象中客户可以加入多个 OPC 数据项

OPC 数据项是服务器端定义的对象，通常指向设备的一个寄存器单元。OPC 客户对设备寄存器的操作都是通过其数据项来完成的，通过定义数据项，OPC 规范隐藏了设备的特殊信息，也使 OPC 服务器的通用性大大增强。OPC 数据项并不提供对外接口，客户不能直接对之进行操作，所有操作都是通过组对象进行的。

客户操作数据项的一般步骤为：

1）通过服务器对象接口枚举服务器端定义的所有数据项，如果客户对服务器所定义的数据项非常熟悉，此步可以忽略。

2）将要操作的数据项加入客户定义的组对象中。

3）通过组对象对数据项进行读写等操作。

每个数据项的数据结构包括三个成员变量：即数据值、数据质量和时间戳。数据值是以 VARIANT 形式表示的。应当注意，数据项表示同数据源的连接而不等同于数据源，无论客户是否定义数据项，数据源都是客观存在的。可以把数据项看作数据源的地址，即数据源的引用，而不应看作数据源本身。

2. 报警（Alarm）和事件（Event）

报警和事件处理机制增强了 OPC 客户处理异常的能力。服务器在工作过程中可能出现异常，此时，OPC 客户可通过报警和事件处理接口得到通知，并能通过该接口获得服务器的当前状态。

在很多场合，报警（Alarm）和事件（Event）的含义并不加以区分，两者也经常互换使用。从严格意义上讲，两者含义略有差别。

依据 OPC 规范，报警是一种异常状态，是 OPC 服务器或服务器的一个对象可能出现的所有状态中的一种特殊情况。例如，服务器上标记为 FC101 的一个单元可能有如下状态：高出警戒、严重高出警戒、正常、低于警戒和严重低于警戒。除了正常状态外，其他状态都视为报警状态。

事件则是一种可以检测到的出现的情况，这种情况或来自 OPC 客户，或来自 OPC 服务器，也可能来自 OPC 服务器所代表的设备，通常事件都有一定的物理意义。事件可能与服务器或服务器的一个对象的状态有关，也可能毫无关系。如高出警戒和正常状态的转换事件和服务器的某个对象的状态有关，而操作设备，改变系统配置以及出现系统错误等事件和对象状态就无任何关系。

3. OPC 体系结构

OPC 规范提供了两套接口方案，即 COM 接口和自动化。COM 接口效率高，通过该接口，客户能够发挥 OPC 服务器的最佳性能，采用 C++语言的客户一般采用 COM 接口方案；自动化接口使解释性语言和宏语言访问 OPC 服务器成为可能，采用 VB 语言的客户一般采用自动化接口。自动化接口使解释性语言和宏语言编写客户应用程序变得简单，然而自动化客户运行时需进行类型检查，这将大大牺牲程序的运行速度。

OPC 服务器必须实现 COM 接口，是否实现自动化接口则取决于供应商的主观意愿。典型的 OPC 体系和 COM 接口如图 16-3 所示。

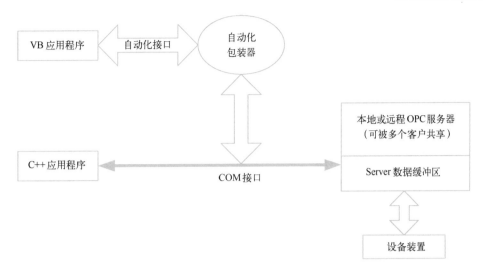

图 16-3 典型的 OPC 体系和 COM 接口

4.服务器缓冲区数据和设备数据

OPC 服务器本身就是一个可执行程序，该程序以设定的速率不断地同物理设备进行数据交互。服务器内有一个数据缓冲区，其中存有最新的数据值、数据质量戳和时间戳。时间戳表明服务器最近一次从设备读取数据的时间。服务器对设备寄存器的读取是不断进行的，时间戳也在不断更新。即使数据值和质量戳都没有发生变化，时间戳也会进行更新。客户既可从服务器缓冲区读取数据，也可直接从设备中读取数据，但从设备直接读取数据速度会慢一些，一般只有在故障诊断或极特殊的情况下才会采用。

5.同步和异步

OPC 客户和 OPC 服务器进行数据交互可以有两种不同方式，即同步方式和异步方式。同步方式实现较为简单，当客户数目较少而且同服务器交互的数据量也比较少的时候可以采用这种方式；异步方式实现较为复杂，需要在客户程序中实现服务器回调函数。然而当有大量客户和大量数据进行交互时，异步方式能提供高效的性能，尽量避免阻塞客户的数据请求，并最大限度地节省 CPU 和网络资源。

16.1.4 组态王与 OPC

组态王充分利用了 OPC 服务器的强大性能，为工程人员提供方便高效的数据访问能力。在组态王中可以同时挂接任意多个 OPC 服务器，每个 OPC 服务器都被作为一个外部设备，工程人员可以定义、增加或删除它，如同一个 PLC 或仪表设备一样。

工程人员在 OPC 服务器中定义通信的物理参数，定义需要采集的下位机变量（称为数据项，详见下文解释）；然后在组态王中定义组态王变量和下位机变量（数据项）的对应关系。在运行系统中，组态王和每个 OPC 服务器建立连接，自动完成和 OPC 服务器之间的数据交换。同时，组态王本身也可以充当 OPC 服务器，向其他符合 OPC 规范的厂商的控制系统提供数据。

在作为 OPC 服务器的组态王中定义相关的变量并和采集数据的硬件进行连接；然后在充当客户端的其他应用程序中与 OPC 服务器（组态王运行系统）建立连接，并且添加数据项目。在应用程序运行时，客户端将按照指定的采集频率对组态王的数据进行采集。

组态王的 OPC 服务器名称为"KingView.View.1"。

16.2　组态王作为 OPC 客户端的使用方法

16.2.1　建立和删除 OPC 设备

组态王中支持多 OPC 服务器。在使用 OPC 服务器之前，需要先在组态王中建立 OPC 服务器设备。如图 16-4 所示。在组态王工程浏览器的"设备"项目中选中"OPC 服务器"，工程浏览器的右侧内容区显示当前工程中定义的 OPC 设备和"新建 OPC"图标。

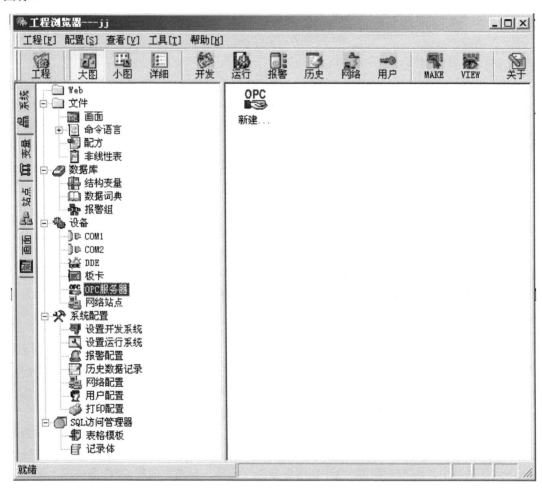

图 16-4　OPC 服务器设备

双击"新建"图标，组态王开始自动搜索当前的计算机系统中已经安装的所有 OPC 服务器，然后弹出"查看 OPC 服务器"对话框，如图 16-5 所示。

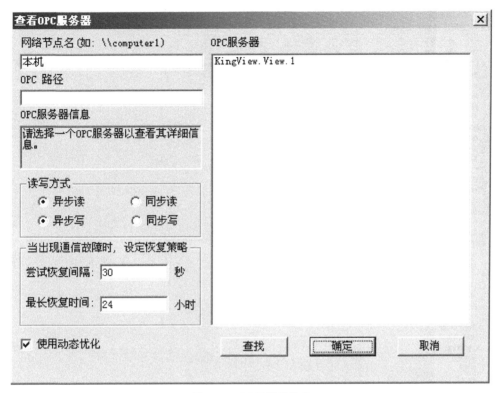

图 16-5　OPC 设备定义

"网络节点名"编辑框中为要查看 OPC 服务器的计算机名称，默认为"本机"。如果需要查看网络上的其他站点的 OPC 服务器，在编辑框中输入节点的 OPC 路径。如计算机名称为"数据采集站"，则输入"\\数据采集站"，然后单击"查找"按钮，如果查找成功，则在右边的"OPC 服务器"列表中显示目标站点的所有已安装的 OPC 服务器名称；如果没有查找到，则提示查找失败。"OPC 服务器信息"文本框中显示"OPC 服务器"列表中选中的 OPC 服务器的相关说明信息。如选中"KingView.View.1"，则在信息中显示"KingView.View"。"读写方式"是用来定义该 OPC 设备对应的 OPC 变量在进行读写数据时采用同步或异步方式。

"尝试恢复间隔"和"最长恢复时间"用来设置当组态王与 OPC 服务器之间的通信出现故障时，系统尝试恢复通信的策略参数。"使用动态优化"是组态王对通信过程采取动态管理的办法。"尝试恢复间隔"、"最长恢复时间"和"使用动态优化"的具体含义与 I/O 设备定义向导中的相同，请参看 2.3 节定义外部设备和数据变量内容。

用户可以在列表中选择所需的 OPC 服务器。单击"确定"按钮。"查看 OPC 服务器"对话框自动关闭，OPC 设备建立成功。如选择图中的"PCSoft.Sample.1"，建立的 OPC 设备如图 16-6 所示。

对于已经建立的 OPC 设备，如果用户确认不再需要，可以将它删除。如上图，选中要删除的 OPC 设备，单击鼠标右键，在弹出的如图 16-7 所示的快捷菜单中选择删除，弹出如图 16-8 所示的提示信息，如果选择"是"，则将该设备从组态王中删除。

图 16-6　OPC 服务器的建立

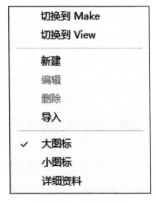

图 16-7　快捷菜单

图 16-8　删除确认的提示信息

16.2.2　在 OPC 服务器中定义数据项

　　OPC 服务器作为一个独立的应用程序，可以由硬件制造商、软件开发商或其他第三方提供，因此数据项定义的方法和界面都可能有所差异。下面以 PC Soft 公司的 Modbus Server 为例讲解 OPC Server 的使用方法。Modbus OPC Server 应用程序是一个高级的 I/O 服务器，提供了友善的工程人员界面，支持 DDE、AdvanceDDE 和 FastDDE 等数据访问方式。双击程序组 Modbus Server 图标，弹出 Modbus Server 主窗口。

　　Modbus Server 主窗口和 Windows 资源管理器风格相似，窗口的上方是菜单和工具条，窗口的左侧列出接入的两个设备，即 Simulate 和 Modbus，每个设备都包括自己的组对象和数据项。窗口的右侧显示出所选对象中已定义的数据项。

可以向 Modbus Server 中添加、删除设备或修改设备属性。选择"Add"菜单下"New Device…"子菜单，囗或单击工具条按键，弹出"设备属性对话框"。

对话框最下方是一个 Simulate I/O（仿真 I/O）选框，不选该选框，指示新加入的设备连接一个真实的物理设备；选中该框指示新加入的设备并未和真实物理设备建立连接，所得到的数据只是仿真结果。可以向一个设备中直接加入数据项，也可在设备中创建若干个组，将具有相似功能的数据项组织起来。组的下面也可以创建组，层次的多少原则上没有限制，然而为方便起见，层次不宜太多。设备、组、数据项的概念和 Windows 文件系统的驱动器、文件夹、文件的概念很相似。

选择"Add"菜单下"New Group…"子菜单，或单击工具条按键弹出"组对话框"。

选择"Add"菜单下"New Tag…"子菜单，或单击工具条按键弹出"数据项属性对话框"。

选中"Scaling and Alarming"组框中"Enable"核选框，单击"Setting…"按键，弹出"数据项设置对话框"。

填入相应数值后，按"确定"按钮返回主窗口即可。

16.2.3　OPC 服务器与组态王数据词典的连接

OPC 服务器与组态王数据词典的连接如同 PLC 或板卡等外围设备与组态王数据词典的连接方式一样。在组态王工程浏览器中，选中数据词典，在工程浏览器右侧双击新建图标，选择 I/O 类型变量，在连接设备处选择 OPC 服务器，（注意，如果 OPC 服务器没有事先启动的话，此时系统会自动启动 OPC 服务器），如图 16-9 所示。

图 16-9　OPC 服务器与组态王数据词典的连接

在寄存器下拉式菜单中列出了在 OPC 服务器中定义过的所有项目名及数据项、项目名和数据项以树型结构排列，如果某个分支下还有项目的话，鼠标双击该分支，隐藏在该分支下的数据项会自动列出来。鼠标双击选择对应的数据项，则选择的数据项会自动添加到"寄存器"中。如图 16-10 所示。

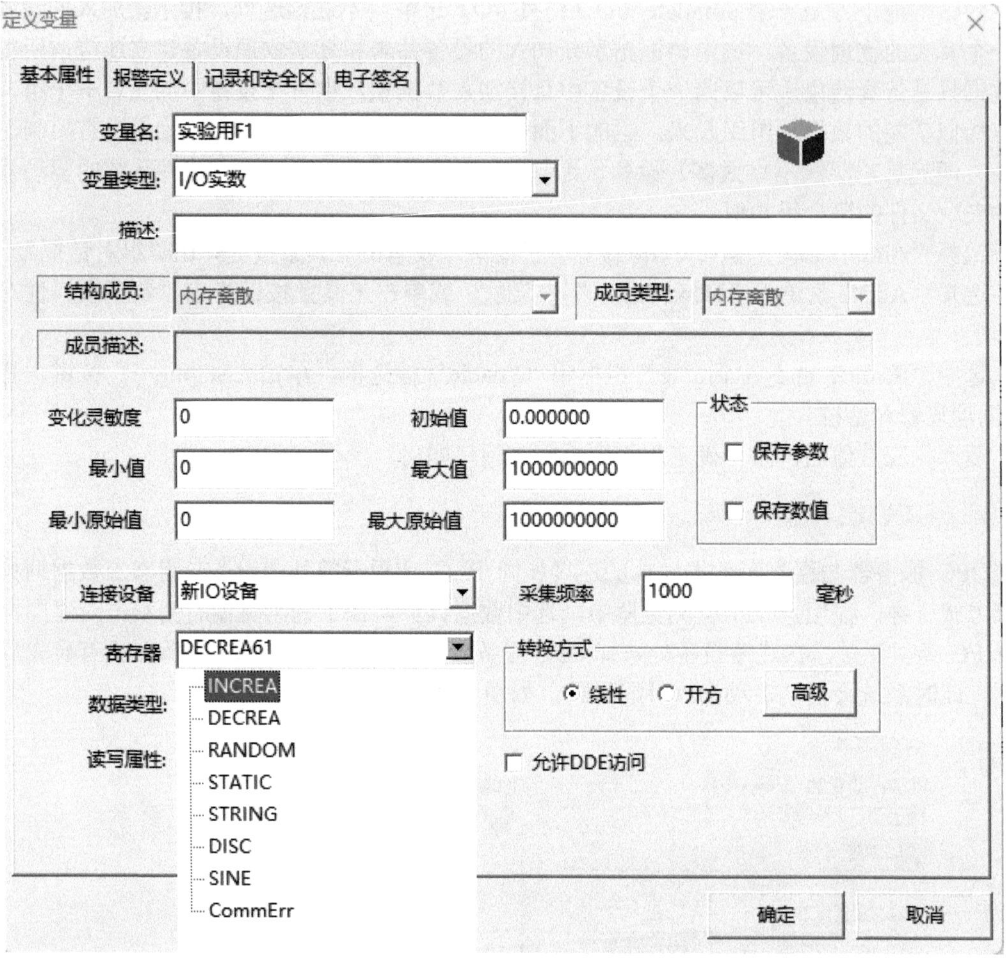

图 16-10　定义 OPC 服务器的变量

在组态王中新建一个画面，画面上创建一个文本图素，定义图素的动画连接为"模拟值输出"，连接的变量为刚定义的"Mod_Tag1"。保存画面，切换到组态王运行系统，打开画面，可以看到组态王与 OPC 服务器间的数据交换。

组态王可以和各种标准 OPC 服务器之间进行数据交换。

16.3　组态王作为 OPC 服务器的使用

组态王在原有的 OPC 客户端的基础上添加了 OPC 服务器的功能，实现了组态王对 OPC 的服务器和客户端的统一。通过组态王 OPC 服务器功能，用户可以更方便地实现其他支持 OPC 客户的应用程序与组态王之间的数据通信和调用。

16.3.1　组态王 OPC 服务器的功能简介

1．OPC 通信技术上的实现

OPC 实现的是系统中进程间的通信，其采用 VC 中的 COM 和 DCOM 技术实现了接口，调用非常方便。

2．OPC 数据的通信

OPC 之间的通信是以变量为单位的，在 OPC 服务器上定义相关的变量和要采集的硬件进行连接，并生成唯一表示此变量的 ID 标识。此变量中保存着变量的数值和变量相关的信息，外部的程序能够访问的就是此变量的所有信息，即 OPC 服务器与外部的数据的传输是通过变量进行对应的。

组态王作为服务器其所有变量都可以被外部支持 OPC 的客户端进行访问，访问的对象是变量或变量的域。而且对于可读写变量的可修改的域，用户可以通过对组态王 OPC 服务器的访问得到相应的数值并能够修改相应的数值。

另外，为了方便用户对组态王 OPC 功能的使用，组态王提供了 OPC 客户端接口开发包。该接口支持 VB、VC 等编程语言，用户可以很方便地使用该动态库访问组态王的实时数据。

16.3.2　组态王 OPC 服务器的使用

OPC 客户作为一个独立的应用程序，可能由硬件制造商、软件开发或其他第三方提供，因此数据项定义的方法和界面都可能有所差异。下面以 FactorySoft 的 OPC 客户端为例说明组态王 OPC 服务器的使用。

1）启动组态王的运行系统（组态王的 OPC 服务器是指组态王的运行系统）。

2）运行某些厂家提供的 OPC 客户端，弹出操作界面。

3）选择界面"OPC"菜单中的 CONNECT（连接）选项，弹出连接服务器选项界面。

4）组态王的 OPC 服务器标志是 KingView.View.1（KingView.View），用户选择此选项并单击<确定>按钮完成客户端与服务器的连接。（如果用户事先没有启动组态王运行系统，此时将自动启动组态王。）

5）在客户端界面菜单中单击"OPC"菜单下的 ADDITEM 选项，弹出添加项目画面，在变量浏览列表中列出了组态王的所有变量数据项。（OPC 客户端的具体使用方法因厂家不同而不同，使用时请参见厂家说明。）

6）一旦在客户端中加入了组态王变量，客户端便按照给定的采集频率对组态王的数据进行采集。

7）选择菜单"OPC"下的"WrightItem"项，可以对可读写变量的可读写的域进行修改。

16.3.3　组态王为用户提供的 OPC 接口

为了方便用户使用组态王的 OPC 服务器功能，使用户无须在无其他需求的情况下再购买其他的 OPC 客户端，组态王提供了一整套与组态王的 OPC 服务器连接的函数接口，这些函数可通过提供的动态库 KingViewClient.dll 来实现。用户使用该动态库可以自行用 VB、VC 等编程语言编制组态王的 OPC 客户端程序。动态库中提供的接口内容及用法如下：

（1）int StartClient(char* node)

与组态王 OPC_SERVER 建立连接。

入口参数：

node 为机器节点名称。

返回值：

返回建立连接错误码（错误码见下面列表）。

（2）int ReadItemNo()

得到组态王 OPC 中列出的项目总数。

返回值：

返回组态王 OPC 中列出的项目总数。

（3）int GetItemNames(char* sName,WORD wItemId)

得到某个项目的名称。

入口参数：

sName 将返回组态王项目的名称。

wItemId 为用户写入的其要取的变量的索引号，其为 ReadItemNo()返回的范围内的某个数（0<Index<=ReadItemNo()）。

返回值：

返回获得项目错误码。

（4）int AddTag(BSTR sRegName,WORD *TagId,WORD *TagDataType)

将某个项目添加入采集列中。

入口参数：

sRegName 是要加入采集的项目名称，TagId 是项目采集的标识号，TagDataType 是项目的数据类型。

返回值：

返回添加数据项错误码。

（5）int WriteTag(WORD TagId,BOOL bVal,long lVal,float fVal,char* sVal)

修改一个可读写变量的可读写域的值。

入口参数：

TagId 为要采集项目的标识号，其他为设定的数值，用户将根据变量的类型设定数值。

返回值：

返回写数据错误码。

（6）int ReadTag(WORD TagId,BOOL *bVal,long *lVal,float *fVal,char* sVal)

读数据：

入口参数：TagId 为要采集的变量的表示号，其他为返回的数值，用户将根据变量的类型读取。

返回值：

返回读数据错误码。

（7）int StopClient()

断开与组态王 OPC_SERVER 的连接。

返回值：

返回断开连接错误码。

以上提供的函数，在整个的调用过程中有相应的次序和功能，用户需要先调用 StartClient()函数，启动与组态王的连接，用户可以通过此函数的 NODE 参数，来控制与哪台计算机的组态王进行连接。

如用户不知道应该读取的项目在组态王中的表现形式，用户可以通过调用 ReadItemNo() 函数，然后通过返回的数目，依次调用 GetItemNames 得到项目的名称。如用户已经知道了要读取的变量名称，用户可以通过以下方法合成项目名称，因为组态王的 OPC 服务器对外部暴露的项目支持到域，用户可以使用"组态王变量名称+.+域名称"的形式，如变量名为：锅炉温度，如果用户需要读取它的值，用户合成项目名称是：锅炉温度.Value，其中 Value 是变量的数值域。

当用户合成了要采集的项目名称后，用户得调用 AddTag()函数将要采集的项目添加到采集的列表中，用户必须进行该操作，否则不能进行项目的数据采集。当用户调用此函数后，函数将返回项目在采集列表中的位置（TagId），和项目的数据类型（TagDataType），用户将根据返回的信息进行采集。

用户添加完成采集项目列表后，可以通过调用 ReadTag()和 WriteTag()来对项目进行读写操作，其参数中 TagId 是通过 AddTag()得到的项目的位置号，后面的四个变量是项目的数值，用户根据项目的数据类型，得到或者写入项目的数值。

用户在程序退出之前，应调用 StopClient()函数，断开客户端与组态王的连接。

组态王连接函数接口错误码列表见表 16-1。

表 16-1　错误码列表

序号	错误码	错误码含义
1	0	成功
2	-1	OPC SERVER 已经被非法关闭
3	-2	找不到 OPC SERVER 的 PROGID
4	-3	连接 OPC SERVER 不成功
5	-4	枚举 ITEMS 错误
6	-5	OPC SERVER 没有定义 ITEMS
7	-6	内存分配错误
8	-7	在向 GROUP 中加入 ITEMS 时出现错误
9	-8	未使用
10	-9	读 ITEMS 时出现错误
11	-10	不能识别的数据类型
12	-11	读 ITEMS 的质量戳时出现错误
13	-12	向 ITEMS 中写入数据时出现错误
14	-13	用户添加变量的变量名错误
15	-14	用户读取的变量序号越界

注：该接口有详细的例程和说明文档，称为"SDK 开发包"，包含在亚控的工具开发包之中。请与亚控公司的技术支持或销售人员联系。

16.4 如何使用网络 OPC 通信

组态王支持网络 OPC 功能，组态王与组态王之间可以通过网络以 OPC 方式进行通信，同样其他 OPC client/OPC server 也可以通过网络与组态王之间以 OPC 方式进行通信。

组态王作为 OPC server 时只能在 Windows NT/2000/XP 上使用。具体操作如下：

在使用网络 OPC 模式前，需要使用 DCOM 配置工具对系统进行配置。本节主要以组态王之间的互联来介绍，其他 OPC 程序连接方法相同。主要有配置充当OPC 服务器的机器和客户端通过 OPC 连接服务器，配置的方法和步骤如下。

1. 配置充当 OPC 服务器的机器

配置充当 OPC 服务器的机器是指对 dcomcnfg 程序进行配置，Win2000/WinNT 以上操作系统自己带有配置程序—dcomcnfg 程序，设置过程如下：

1）运行 dcomcnfg：在 Windows "开始" 菜单中选择 "运行"，在编辑框中输入 "dcomcnfg"。

2）定义属性：单击 "确定" 按钮后，弹出 "分布式 com 配置属性" 对话框。

单击 "默认安全机制" 属性页标签，进行定义。

对 "默认访问权限"、"默认启动权限" 和 "默认配置权限" 进行设置，添加 "everyone" 用户，并将其权限分别设置为 "允许访问"、"允许调用" 和 "完全控制"。

在 "应用程序" 属性页的列表中选中 "opcEnum"，单击 "属性" 按钮。

在 "安全性" 属性页中选中 "使用自定义访问权限"、"使用自定义启动权限" 和 "使用自定义配置权限"，并分别进行编辑，添加 "everyone" 用户，并将其权限分别设置为 "允许访问"、"允许调用" 和 "完全控制"。

然后在 "身份标识" 属性页中选中 "交互式用户"。

3）单击 "确定" 按钮，回到 "分布式 com 配置属性" 对话框中，选中 KingView.view。

单击 "属性" 按钮，进行属性配置。同样，在 "安全性" 属性页中选中 "使用自定义访问权限"、"使用自定义启动权限" 和 "使用自定义配置权限"，并分别进行编辑，添加 "everyone" 用户，并将其权限分别设置为 "允许访问"、"允许调用" 和 "完全控制"。然后在 "身份标识" 属性页中选中 "交互式用户"。

服务器端定义完成后，在 "分布式 COM 配置属性" 对话框上单击 "确定" 按钮关闭对话框。进入组态王运行系统，此时组态王作为 OPC 服务器。

2. 客户端通过 OPC 连接服务器

客户端组态王作为 OPC 客户端，可以通过网络 OPC 功能与组态王 OPC 服务器连接。客户端的操作如下：

（1）定义 OPC 服务器

在工程浏览器中，选择 "OPC 服务器"，然后双击 "新建"，弹出 "查看 OPC 服务器"，在 "网络节点名" 中输入服务器的机器节点名，例如运行组态王的服务器为 test，则输入 \\test，单击 "查找" 按钮后，列表中会列出 test 机器上所有的 OPC 服务程序，选中 KingView.view.1，然后单击 "确认" 按钮，OPC 服务器就定义好了。

（2）客户端定义变量

在客户端定义变量与组态王 OPC 服务器上的变量建立连接。例如定义 test，连接设备中选择刚才定义的 OPC 服务器 kingView.view.1，在"寄存器"选项中弹出远程站点上的变量列表，选择相应变量的域，例如选择"a.value"。

（3）启动客户端运行系统实现组态王通过网络 OPC 交换数据

注：关于 DCOM 配置的具体内容用户可以参照 Windows 关于 DCOMCNFG 的帮助。

习题与思考题

1）简述 OPC 的基本概念和适用范围。

2）使用网络 OPC 通信时，需要注意哪些问题？

第 17 章
组态王粮情监控系统的应用

粮仓的粮情监控尤其是粮食的温湿度监控是粮食储存过程中必不可少的环节，是减少粮食储存损耗的必须手段，目前普遍采用计算机技术进行粮情监控。本章介绍了一种基于组态王的粮情监控系统，来实现粮仓内外温度、湿度、虫害情况等参数的采集和监控，从而切实提升粮仓的安全性和可靠性。

17.1　引言

我国是一个农业大国，每年都有大量的新粮收获也有部分陈粮积压，由于储存不当造成大量的粮食浪费，给国家和人民造成了巨大的经济损失，粮仓的性能成为粮食质量的决定因素。以往采取的措施是用人工的办法对粮食进行晾晒、通风和喷洒药剂，防止因存储不当而引发的虫害，这不但消耗了大量的人力和财力，且效果不佳，粮食发霉变质等现象仍然存在。随着电子技术和计算机技术的发展，目前普遍采用电子设备和计算机对粮仓测控和管理，但是仍然有很多不尽人意的问题，比如抗干扰性能差、传输数据丢失、上位机界面（又称管理中心计算机）不生动形象等，现在也有采用基于 ZigBee 技术的粮库监测系统，也各有优缺点，针对这些情况本书提出一种基于现场总线分布式粮情管控系统的设计方法，如图 17-1 所示。CAN 总线具有通用性优良，适宜于远距离通信，线路少且维修方便，精度高且抗干扰能力强，价格低廉，应用范围比较广泛，CAN 的直接通信距离最远可达 10km（速率 5kbit/s 以下），通信速率最高可达 1Mbit/s（此时通信距离最长为 40m）。

本研究设计系统主要由上位机（又称管理中心计算机）、CAN 总线和下位机（又称智能测控终端）组成。管理中心计算机采用 PCI 总线工业控制计算机，管理中心计算机和下位机智能测控终端通信采用 CAN 总线，由于 PCI 总线工业控制计算机没有 CAN 总线，所以需要加装 RS-232 转换 CAN 总线模块，可以通过互联网把本粮库的信息传输到上一级粮食管理部门，下位机（又称智能测控终端）采用带 CAN 总线的单片机测控粮仓。由于每个粮库粮仓的数目不一样，粮仓的规格不一样，所以需要的智能测控终端数目也不一样，可以灵活使用智能测控终端数量，但是按照 CAN 总线规范，在没有 CAN 总线网桥、中继器或集线器情况下，智能测控终端数量总数不能超过 110 个，对于一般粮库而言，已经足够了。

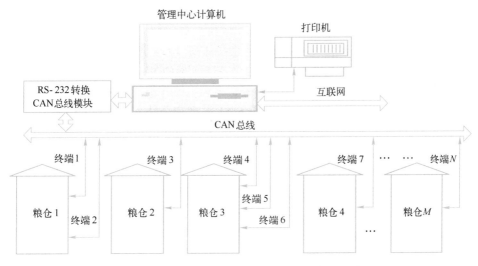

图 17-1　基于 CAN 总线粮情管控一体化系统网络框图

17.2　系统的硬件组成

17.2.1　系统硬件概述

系统的硬件结构组成如图 17-2 所示，管理中心计算机系统主要由管理中心计算机（PCI 总线工业控制组成）、打印机、RS-232 转换 CAN 总线模块和智能测控终端组成。也可以由 2 台 PCI 总线工业控制组成管理中心计算机冗余系统，可靠性会更高。由此构建的分布式粮情管控系统上位机监控界面生动逼真、实时性能好、抗干扰性能强、通信距离长、系统成本低等特点。

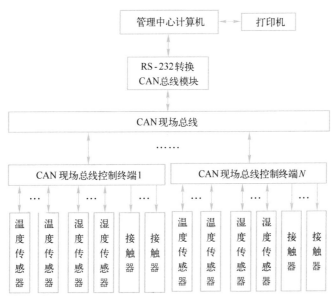

图 17-2　基于 CAN 总线粮情管控系统的硬件结构框图

17.2.2 智能测控终端硬件电路的设计

智能测控终端硬件电路结构及外部接线示意图如图 17-3 所示，虚线框内是智能测控终端硬件电路结构。智能测控终端硬件电路主要由 AT89C51CC01 单片机、CAN 总线电路、单总线电路端子、湿度信号调理电路、驱动电路、电源电路等组成。AT89C51CC0x 系列单片机是 MCS-51 微控制器家族的成员，在与 MCS-51 系列完全兼容的基础上增加了许多专用的部件，其中包括 CAN 控制器，它的 CAN 功能在 SJA1000 的基础上有所增强，它还有诸如 A/D 转换、脉宽调制输出（PWM）、I^2C、看门狗等其他功能。AT89C51CC01 单片机虽然包括 CAN 控制器，但是没有 CAN 总线收发器和高速光电耦合器等，这里由 CAN 总线收发器 TJA1050 和高速光电耦合器 6N137 等组成 CAN 总线电路。单总线电路端子是用来接温度传感器，在此设计 128 个温度测量点。湿度信号有 2 个，可以测量粮仓内外湿度。温度和湿度的测量点数量视情况而定。驱动电路接通和关断轴流风机的接触器线圈，在此设计可以驱动 2 个接触器线圈。电源的完全隔离可采用小功率电源隔离模块或带多个 5V 隔离输出的开关电源模块实现。

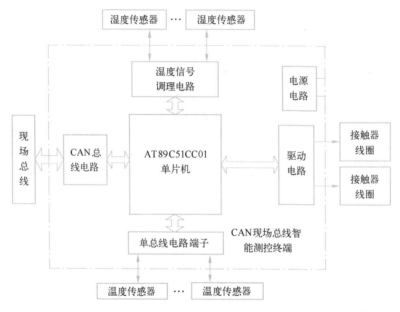

图 17-3 智能测控终端硬件电路结构及外部接线示意框图

TJA1050 与 CAN 总线的接口部分也采用了一定的安全和抗干扰措施。TJA1050 的 CANH 和 CANL 引脚各自通过一个 5Ω 的电阻与 CAN 总线相连，电阻可起到一定的限流作用，保护 TJA1050 免受过流的冲击。CANH 和 CANL 与地之间并联了两个 30pF 的小电容，可以起到清除总线上的高频干扰和一定的防电磁辐射的作用。另外，在两根 CAN 总线输入端与地之间分别接了一个防雷击管，当两输入端与地之间出现瞬变干扰时，通过防雷击管的放电可以起到一定的保护作用。瞬变干扰（Transient Interference）是电磁兼容领域的中主要的一种干扰方式，特别是雷击浪涌波，由于持续时间短，脉冲幅值高，能量大，给电子电气设备的正常运行带来极大的威胁。为了进一步提高电路的抗干扰能力，电路中采用了看门狗电路。

17.2.3 粮仓温度测量电路的设计

粮仓监控系统中温度测量是关键环节，而且温度测量点非常多。温度传感器种类很多，主要分为模拟温度传感器和数字温度传感器。最新数字式温度传感器 DS18B20 是美国 DALLAS 公司生产的新型单总线数字温度传感器芯片，它具有结构简单，不需外接元件，采用一根 I/O 数据线既可供电又可传输数据、并可由用户设置温度报警界限等特点，在此由 P0 口完成。DS18B20 在食品库、冷库、粮库、温室等需要控制温度的温控系统中得到广泛的应用，因此采用 DS18B20，它有两种供电方式：直接供电和寄生供电，在此采用直接供电方式。设计 128 温度测量点电路如图 17-4 所示。

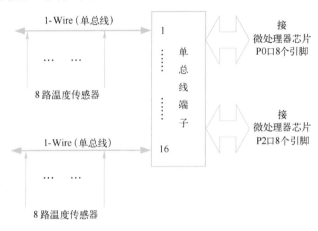

图 17-4 128 温度测量点电路示意框图

17.3 监控界面的设计

系统的软件主要由上位机（又称管理中心计算机）软件和下位机（又称智能测控终端）软件组成，上位机软件主要就是进行监控界面的设计。该界面是用户用来与计算机进行人机交互、监视控制系统状况、进行生产操作、输入控制命令的人机界面。设计完善的界面能够让操作人员形象、直观、正确地掌握整个系统的设备状况，准确了解数据信息，及时发出自己的操作命令。本项设计依据佳木斯望江粮食储备有限公司的实际情况为背景，主要以粮仓内部及粮仓周围的温度和湿度的变化值为监测数据建立粮仓监控界面。画面由粮库主画面、粮仓画面、报表画面和温湿度曲线画面四部分组成。

17.3.1 建立工程

要建立新的组态王工程，首先为工程指定工作目录（或称"工程路径"）。"组态王"用工作目录标识工程，不同的工程应置于不同的目录。工作目录下的文件由"组态王"自动管理。启动"组态王"工程管理器（ProjManager），选择菜单"文件\新建工程"或单击"新建"按钮，弹出如图 17-5 所示的新建工程向导对话框。

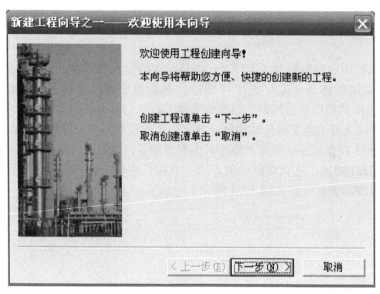

图 17-5　新建工程向导（一）

　　单击"下一步"按钮继续。弹出"新建工程向导之二"对话框，在工程路径文本框中输入一个有效的工程路径，或单击"浏览…"按钮，在弹出的路径选择对话框中选择一个有效的路径。如图 17-6 所示。

图 17-6　新建工程向导（二）

　　单击"下一步"继续。弹出"新建工程向导之三"对话框，在工程名称文本框中输入工程的名称"粮仓温湿度监控系统"，该工程名称同时将被作为当前工程的路径名称。在工程描述文本框中输入对该工程的描述文字"望江粮食储备有限公司粮仓温湿度监控系统"。工程名称长度应小于 32 个字符，工程描述长度应小于 40 个字符。如图 17-7 所示。单击"完成"完成工程的新建。至此所需要的工程开发环境已经建立起来，在后续的工程开发中所有的文件数据都将保存在"E:\粮仓温湿度监控系统"目录中。

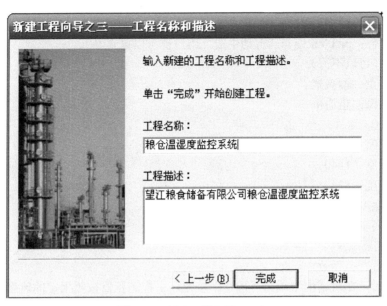

图 17-7　新建工程向导（三）

17.3.2　主画面设计

主画面的设计是以佳木斯望江粮食储备有限公司的粮库布局为参考建立生动的动态画面。

1．静态画面设计

在工程管理器中选择建立好的"粮仓温湿度监控系统"工程，进入到组态王工程浏览。在工程浏览器中左侧的树形结构中选择"画面"，在右侧视图中双击新建工程浏览器将打开新画面对话框，并在新画面对话框中进行如下设置。画面属性设置对话框如图 17-8 所示。

图 17-8　画面属性设置

1）画面名称：粮库主画面。

2）对应文件：pic00001.pic（自动生成，用户也可以自定义）。

3）注释：（可以不写）。

4）画面类型：覆盖式。

5）画面边框：粗边框。

6）左边：0。

7）顶边：0。

8）显示宽度：1440。

9）显示高度：824。

10）画面宽度：1440。

11）画面高度：824。

12）标题杆：无效。

13）大小可变：无效。

设置完成后，在对话框中单击"确定"按钮，工程浏览器按照指定的风格产生一幅名为"粮库主画面"的画面。通过双击工程浏览器右侧的已经建立的"粮仓主画面"进入到其工程开发系统。组态王的工程开发系统提供了内容丰富的图形编辑工具箱。每次打开一个原有画面或建立一个新画面时，图形编辑工具箱都会自动出现。在开发系统的菜单"工具/显示工具箱"的左端有"？"号，表示选中菜单；没有"？"号，屏幕上的工具箱也同时消失，再一次选择此菜单，"？"号出现，工具箱又显示出来。或使用键来切换工具箱的显示/隐藏。工具箱提供了许多常用的菜单命令，也提供了菜单中没有的一些操作。当鼠标放在工具箱任一按钮上时，立刻出现一个提示条标明此工具按钮的功能。用户在每次修改工具箱的位置后，组态王会自动记忆工具箱的位置，当用户下次进入组态王时，工具箱返回上次用户使用时的位置。工具箱中的工具大致分为四类。

1）画面类：提供对画面的常用操作，包括新建、打开、关闭、保存、删除、全屏显示等。

2）编辑类：绘制各种图素（矩形、椭圆、直线、折线、多边形、圆弧、文本、点位图、按钮、菜单、报表窗口、实时趋势曲线、历史趋势曲线、控件、报警窗口）的工具；剪切、粘贴、复制、撤销、重复等常用编辑工具；合成、分裂组合图素，合成、分裂单元；对图素的前移、后移、旋转、镜像等操作工具。

3）对齐方式类：这类工具用于调整图素之间的相对位置，能够以上、下、左、右、水平、垂直等方式把多个图素对齐；或者把它们水平等间隔、垂直等间隔放置。

4）选项类：提供一些常用操作，如全选、显示调色板、显示画刷类型、显示线形、网格显示/隐藏、激活当前图库、显示调色板等。

开发系统中不仅提供了功能丰富的工具箱，还提供了图库功能，图库是指组态王中提供的已制作成型的图素组合。图库中的每个成员称为"图库精灵"。使用图库开发工程界面降低了工程人员设计界面的难度，使他们能更加集中精力于维护数据库和增强软件内部的逻辑控制，缩短开发周期，同时用图库开发的软件将具有统一的外观，方便工程人员学习和掌握，并且利用图库的开放性，工程人员可以生成自己的图库元素，即"一次构造，随处使用"，节省了工程人员投资。图库资源如图 17-9 所示。

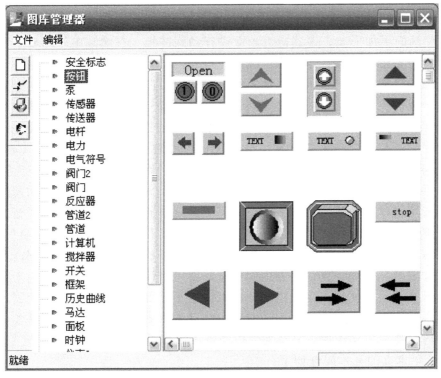

图 17-9　图库资源

充分利用工具箱和图库功能设计主画面，如图 17-10 所示，在设计的过程中尽量参考实际工程，以达到逼真的画面效果。

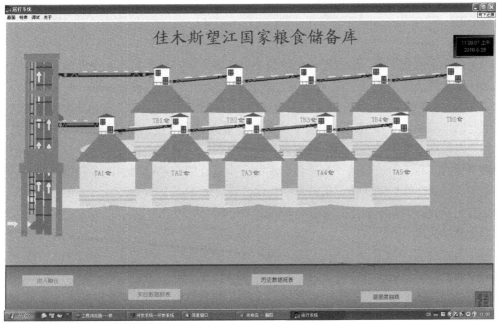

图 17-10　粮库主画面

2. 画面动态连接及功能设置

为了使画面更加形象、逼真，对画面进行动画链接。在实际工作环境中，粮食提升机和粮食传送带为动态工作结构，因此应对此两部分进行动画链接。在粮食提升机部分用两组垂直运动，一组水平运动的箭头组成合成图素单元表示粮食在提升机中的传送过程。使箭头组合图素能够进行动画链接需设置三个相关变量。变量的基本类型共有两类：内存变量、I/O 变量。I/O 变量是指可与外部数据采集程序直接进行数据交换的变量，如下位机数据采集设备（如 PLC、仪表等）或其他应用程序（如 DDE、OPC 服务器等）。这种数据交换是双向的、动态的，就是说：在"组态王"系统运行过程中，每当 I/O 变量的值改变时，该值就会自动写入下位机或其他应用程序；每当下位机或应用程序中的值改变时，"组态王"系统中的变量值也会自动更新。所以，那些从下位机采集来的数据、发送给下位机的指令都需要设置成"I/O 变量"。内存变量是指那些不需要和其他应用程序交换数据、也不需要从下位机得到数据，只在组态王内需要的变量，比如计算过程的中间变量，就可以设置成内存变量。由于箭头组合图素的动画链接不需要和其他程序交换数据，也不需要从下位机的得到数据，因此对其设置有关的内存变量。选中工程浏览器左侧目录中的数据词典可设置需要的变量。设置三个内存变量，其变量名分别为"传送带 1"、"传送带 2"和"传送带 3"。"传送带 1"的变量定义的基本属性如下。

变量名：传送带 1。

变量类型：内存实数。

变化灵敏度：0。

初始值：0.000000。

最小值：0。

最大值：100。

由于选择了内存变量，因此没有原始最小值和最大值，也不需要连接设备、寄存器等。在记录和安全区选择"不记录"，也不需要设置"安全区"。设置窗口如图 17-11 所示。"传送带 2"和"传送带 3"的变量设置与"传送带 1"的设置相同。为了满足升降机和传送带在系统运行时一直处于运动状态，设置一个条件变量命名为"传送带传送条件"，将变量类型设置为"内存离散型"，"初始值"设置为"开"以保证在系统运行时此条件一直保持成立。变量设置完成之后，对较长的一组垂直运动的箭头组合图素进行动画连接设置，选中箭头组合图素的"动画连接"项，在"垂直移动"中的设置如下：

连接表达式：\\本站点\传送带 1。

向上移动距离：78。

最上边对应值：78。

向下移动距离：0。

最下边对应值：0。

单击"确定"完成设置，其对话框设置如图 17-12 所示。

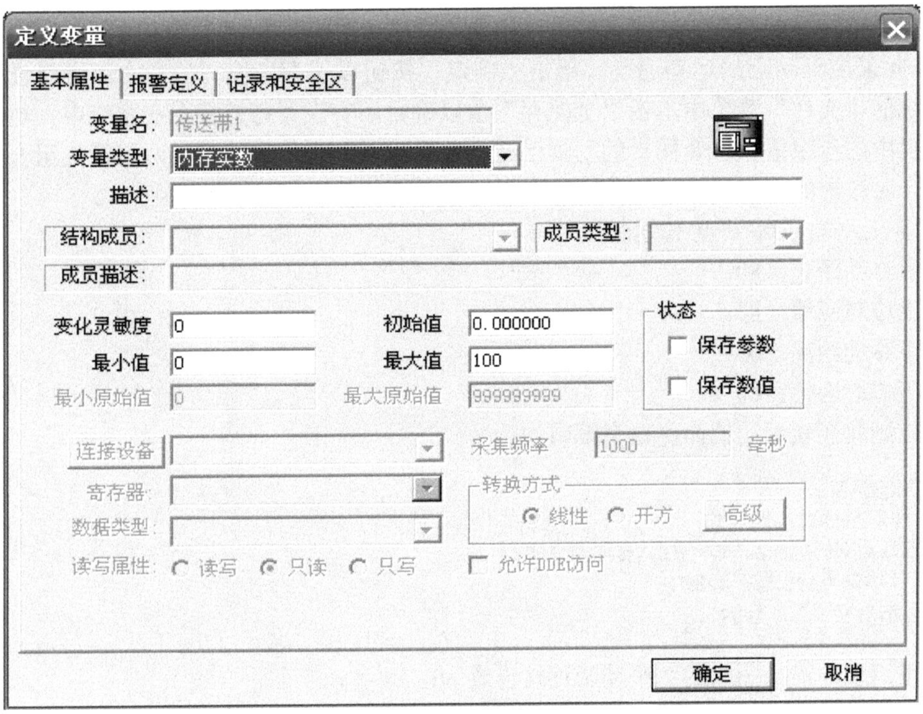

图 17-11　变量定义

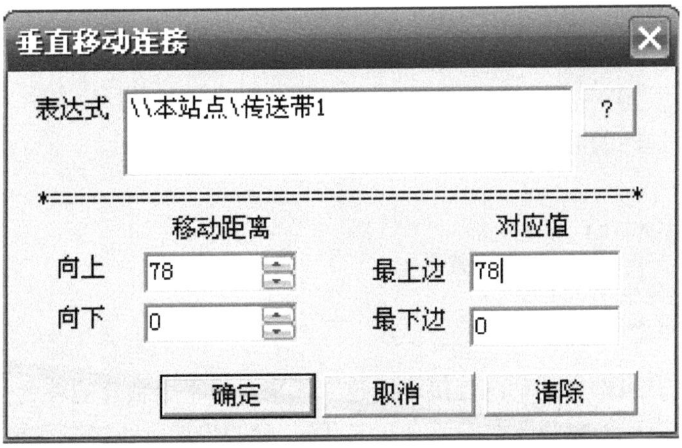

图 17-12　垂直移动连接

在画面中任意位置右键选择画面属性，在画面属性对话框中选择"命令语言"，为图素的动态连接编辑命令语言如下：

```
//传送带 1
if(传送带传送条件==1)
\\本站点\传送带 1=\\本站点\传送带 1+6;
if(\\本站点\传送带 1>78)
\\本站点\传送带 1=0;
```

在对话框中选择"存在时"以保证画面在当前显示时，或画面由隐含变为显示时周期性执行，定义指定执行周期，在"存在时"中的"每…毫秒"编辑框中输入执行的周期时间为200，以此来控制动画的运动速度。单击"确定"按钮以保存所编写的命令语言及设置。在开发系统的"文件"菜单中单击"全保存"项以确定所有设置都被保存在系统中。至此在粮食提升机中的一组箭头组合图素的动画已建立起来。以同样的方法对另两组箭头组合图素进行设置。对较短的垂直运动的箭头组合图素的垂直移动动画连接设置为：

连接表达式：\\本站点\传送带 2。

向上移动距离：80。

最上边对应值：80。

向下移动距离：0。

最下边对应值：0。

将控制此图素运动的命令语言编辑为：

```
//传送带 2
if(传送带传送条件==1)
\\本站点\传送带 2=\\本站点\传送带 2+8;
if(\\本站点\传送带 2>80)
\\本站点\传送带 2=0;
```

水平运动的箭头图素的水平动画连接设置为：

连接表达式：\\本站点\传送带 3。

向左移动距离：0。

最左边对应值：0。

向右移动距离：20。

最右边对应值：20。

将控制此图素运动的命令语言编辑为：

```
//传送带 3
if(传送带传送条件==1)
\\本站点\传送带 3=\\本站点\传送带 3+4;
if(\\本站点\传送带 3>20)
\\本站点\传送带 3=0;
```

至此，粮食提升机部分的动画连接已经建立起来。对十个粮仓的粮食传送带的动画图素是以十组由短线段组成的组合图素构成。其中 TA1 仓的传送带线段图素和 TB1 仓的传动带线段图素的运动方向为水平，另八个仓的传送带线段图素的运动方向为右上方向，这十组的动画连接过程与前面的粮食提升机的动画连接过程相同，由于有八个仓的线段图素的运动方向为右上方，所以需要对这八个仓中每个仓的传送带设置水平和垂直两个内存变量以配合进行动画连接，各仓传送带的动画连接数据设置如下：

连接表达式：\\本站点\TA1 仓传送带。

向左移动距离：0。

最左边对应值：0。

向右移动距离：28。

最右边对应值：28。

连接表达式：\\本站点\TB1 仓传送带。

向左移动距离：0。

最左边对应值：0。

向右移动距离：64。

最右边对应值：64。

由于另外八个仓的运动方向和运动范围相同，所以设置的参数一样，具体数据为：

水平方向：

向左移动距离：0。

最左边对应值：0。

向右移动距离：48。

最右边对应值：48。

垂直方向：

向上移动距离：6。

最上边对应值：6。

向下移动距离：0。

最下边对应值：0。

动画连接的命令语言编辑为：

```
//TB1 仓传送带
if(传送带传送条件==1)
\\本站点\TB1 仓传送带=\\本站点\TB1 仓传送带+8;
if(\\本站点\TB1 仓传送带>64)
\\本站点\TB1 仓传送带=0;
//TA1 仓传送带
if(传送带传送条件==1)
\\本站点\TA1 仓传送带=\\本站点\TA1 仓传送带+4;
if(\\本站点\TA1 仓传送带>28)
\\本站点\TA1 仓传送带=0;
//TB2 仓传送带
if(传送带传送条件==1)
TB2 仓传送带水平=TB2 仓传送带水平+6;
if(\\本站点\TB2 仓传送带水平>48)
\\本站点\TB2 仓传送带水平=0;
if(传送带传送条件==1)
TB2 仓传送带垂直 1=TB2 仓传送带垂直 1+0.7;
if(\\本站点\TB2 仓传送带垂直 1>5.6)
\\本站点\TB2 仓传送带垂直 1=0;
//TA2 仓传送带
if(传送带传送条件==1)
TA2 仓传送带水平=TA2 仓传送带水平+6;
if(\\本站点\TA2 仓传送带水平>48)
\\本站点\TA2 仓传送带水平=0;
if(传送带传送条件==1)
TA2 仓传送带垂直=TA2 仓传送带垂直+0.7;
if(\\本站点\TA2 仓传送带垂直>5.6)
\\本站点\TA2 仓传送带垂直=0;
//TA3 仓传送带
if(传送带传送条件==1)
TA3 仓传送带水平=TA3 仓传送带水平+6;
```

```
if(\\本站点\TA3 仓传送带水平>48)
    \\本站点\TA3 仓传送带水平=0;
if(传送带传送条件==1)
    TA3 仓传送带垂直=TA3 仓传送带垂直+0.7;
if(\\本站点\TA3 仓传送带垂直>5.6)
    \\本站点\TA3 仓传送带垂直=0;
//TA4 仓传送带
if(传送带传送条件==1)
    TA4 仓传送带水平=TA4 仓传送带水平+6;
if(\\本站点\TA4 仓传送带水平>48)
    \\本站点\TA4 仓传送带水平=0;
if(传送带传送条件==1)
    TA4 仓传送带垂直=TA4 仓传送带垂直+0.7;
if(\\本站点\TA4 仓传送带垂直>5.6)
    \\本站点\TA4 仓传送带垂直=0;
//TA5 仓传送带
if(传送带传送条件==1)
    TA5 仓传送带水平=TA5 仓传送带水平+6;
if(\\本站点\TA5 仓传送带水平>48)
    \\本站点\TA5 仓传送带水平=0;
if(传送带传送条件==1)
    TA5 仓传送带垂直=TA5 仓传送带垂直+0.7;
if(\\本站点\TA5 仓传送带垂直>5.6)
    \\本站点\TA5 仓传送带垂直=0;
//TB3 仓传送带
if(传送带传送条件==1)
    TB3 仓传送带水平=TB3 仓传送带水平+6;
if(\\本站点\TB3 仓传送带水平>48)
    \\本站点\TB3 仓传送带水平=0;
if(传送带传送条件==1)
    TB3 仓传送带垂直=TB3 仓传送带垂直+0.7;
if(\\本站点\TB3 仓传送带垂直>5.6)
    \\本站点\TB3 仓传送带垂直=0;
//TB4 仓传送带
if(传送带传送条件==1)
    TB4 仓传送带水平=TB4 仓传送带水平+6;
if(\\本站点\TB4 仓传送带水平>48)
    \\本站点\TB4 仓传送带水平=0;
if(传送带传送条件==1)
    TB4 仓传送带垂直=TB4 仓传送带垂直+0.7;
if(\\本站点\TB4 仓传送带垂直>5.6)
    \\本站点\TB4 仓传送带垂直=0;
//TB5 仓传送带
if(传送带传送条件==1)
    TB5 仓传送带水平=TB5 仓传送带水平+6;
if(\\本站点\TB5 仓传送带水平>48)
    \\本站点\TB5 仓传送带水平=0;
if(传送带传送条件==1)
    TB5 仓传送带垂直=TB5 仓传送带垂直+0.7;
if(\\本站点\TB5 仓传送带垂直>5.6)
    \\本站点\TB5 仓传送带垂直=0;
```

为了能方便地由主画面切换到各个粮仓画面，用工具箱中的"菜单"功能设置切换菜单命名为"进入粮仓"，在菜单栏中键入十个粮仓的画面名称，并在命令语言栏中进行命令编辑以实现菜单功能，命令语言编辑如下：

```
if(menuindex==0)
ShowPicture("TA1 仓画面");
if(menuindex==1)
ShowPicture("TA2 仓画面");
if(menuindex==2)
ShowPicture("TA3 仓画面");
if(menuindex==3)
ShowPicture("TA4 仓画面");
if(menuindex==4)
ShowPicture("TA5 仓画面");
if(menuindex==5)
ShowPicture("TB1 仓画面");
if(menuindex==6)
ShowPicture("TB2 仓画面");
if(menuindex==7)
ShowPicture("TB3 仓画面");
if(menuindex==8)
ShowPicture("TB4 仓画面");
if(menuindex==9)
ShowPicture("TB5 仓画面");
```

为了使操作人员能直观地从主画面切换到个粮仓画面，构建十个粮仓图素按钮分别对应十个粮仓，在每个按钮的动画连接设置的弹起时设置中写入命令函数以实现图素按钮的切换功能，每个图素按钮的命令函数均为 ShowPicture（"PictureName"），以 TA1 仓的命令函数为例，其函数编辑为 ShowPicture（"TA1 仓画面"）。同样为了使操作人员能够方便的由主画面切换到各仓的数据报表画面和数据曲线画面构建对应每个粮仓的切换按钮，以 TA1 仓为例，构建数据报表切换按钮和数据曲线切换按钮，同样以 ShowPicture（"PictureName"）函数实现切换连接功能，对应的函数编辑分别为：

```
ShowPicture("TA1 仓实时报表画面");
ShowPicture("TA1 仓历史报表画面");
ShowPicture("TA1 仓数据曲线");
```

通过组态王提供的图库功能构建时间日期组件，由于图库中提供的图素组件已经设置好了图素功能，因此不需要再次设置。构建一个图素按钮以实现退出运行系统的功能，在图素按钮的动画连接中的弹起时设置项中编辑命令语言函数为：Exit(0);

通过上述的设计过程一个完整的动态主画面已经建立了起来。

17.3.3　粮仓画面设计

粮仓画面主要功能为动态、实时显示粮仓内部及粮仓周围环境的温度及湿度值的变化情况。在粮仓内部，将每个仓分成十二层，每层由 23 个温度传感器进行温度检测。并设定温度值的上下警戒线，当检测到的温度值高于或低于粮食储存的正常值时画面中的节点显示将以不同颜色加以区别，用以提示工作人员在粮食储存过程中正出现异常。在每层的对应位置设置一个按钮用来实现各层实时显示的动画切换功能。粮仓画面中设置有粮食基本资料图框，用以显示粮食入仓时及粮食储存过程中的基本情况等。由于各仓的画面显示及功能相同，因此主要以 TA1 仓的设计过程加以详述。粮仓监控画面的设计如图 17-13 所示。

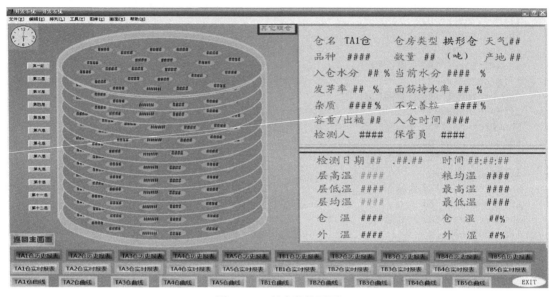

图 17-13　粮仓监控画面

1. 温度检测节点分布显示设计

粮仓中温度检测节点的分布如图 17-13 所示，每个测温节点定义 15℃以上为高温，8℃以下为低温，8～15℃之间为粮食储存的适宜温度。由于画面中实时显示的节点温度数据是由温度传感器检测之后通过下位机传递而来，因此每个节点设置一个对应的 I/O 变量，以第一层的第一个节点为例，其设置数据为：

变量名：TA1 仓第一层节点 1。

变量类型：I/O 实数。

变化灵敏度：0。

初始值：0.000000。

最小值：0。

最大值：20。

最小原始值：0。

最大原始值：100。

连接设备：新 I/O 设备。

寄存器：STATIC100。

数据类型：SHORT。

读写属性：只读。

采集频率：1000ms。

转换方式：线性。

定时记录：每 60min。

所有仓内外的温度检测节点的 I/O 变量设置除变量名之外均与上述相同。设置变量后，在每个节点的位置写入文本"####"，将文本定义动画链接以 TA1 仓第一层节点 1 为例如下：

模拟值输出设置

表达式：TA1 仓第一层节点 1。

输出格式整数位数：2。

输出格式小数位数：2。

显示格式：十进制。

对齐：居左。

隐含设置

条件表达式：\\本站点\TA1 仓第一层显示==1。

表达式为真时：显示。

设置隐含是为了实现层显示的切换功能，每个仓设置十二个层显示条件表达式，其为内存整形变量，初始值为 0，最大值为 1。在每个节点的文本图层下构建三个形状相同相互重叠的图素，图素颜色分别为红、绿、蓝色用来表示对应节点检测范围粮食储存情况的高温、正常、低温。以第一层节点 1 对应的三个图素为例进行动画连接如下：

红色图素：

隐含条件表达式：\\本站点\TA1 仓第一层节点 1>=15&&\\本站点\TA1 仓第一层显示==1

表达式为真时：显示

绿色图素：

隐含条件表达式：\\本站点\TA1 仓第一层节点 1<15&&\\本站点\TA1 仓第一层节点 1>8&&\\本站点\TA1 仓第一层显示==1

表达式为真时：显示

蓝色图素：

隐含条件表达式：\\本站点\TA1 仓第一层节点 1<=8&&\\本站点\TA1 仓第一层显示==1

表达式为真时：显示

最后将每层的所有节点组合成一个组合图素，即构成了每个层的显示图素。在各层的对应位置添加各层显示按钮，以实现各层的现实切换功能，以第一层显示按钮为例，对其进行动画连接，在弹起时的命令语言中编辑如下：

```
\\本站点\TA1 仓第一层显示=1;
\\本站点\TA1 仓第二层显示=0;
\\本站点\TA1 仓第三层显示=0;
\\本站点\TA1 仓第四层显示=0;
\\本站点\TA1 仓第五层显示=0;
\\本站点\TA1 仓第六层显示=0;
\\本站点\TA1 仓第七层显示=0;
\\本站点\TA1 仓第八层显示=0;
\\本站点\TA1 仓第九层显示=0;
\\本站点\TA1 仓第十层显示=0;
\\本站点\TA1 仓第十一层显示=0;
\\本站点\TA1 仓第十二层显示=0;
```

对各层的切换按钮设置的命令语言与上述类似，只是将对应层的显示条件设置为 1，其余层的显示条件设置为0。至此，温度检测节点的显示部分设计完成。

2. 粮食基本资料图框设计

将框图分成上下两部分。在粮食资料框图中上半部分显示的基本粮食资料有品种、数量、产地、入仓水分、当前水分、发芽率、面筋持水率、杂质、不完善粒、容重/出糙和入仓时间，这些数据都需要操作人员对储存的粮食进行了解和检测之后填入图框中。另外图框中还有天气情况、检测人姓名等信息，这些信息也有操作人员视实际情况填入。由于上述数据是由工作人员填入，因此将这些数据的对应变量设置成内存型，并且需要设置模拟值输入连接和模拟值输出连接，将需要输出为数据的变量依实际情况设置成内存整形或实型，将需要输出为文字的变量设置为内存字符串型。

在框图下半部分的显示数据有粮仓中各层的最高温、最低温、均温，有整个粮仓的最高温、最低温和粮食均温，还有粮仓内外的温度和湿度。这些量均为已经过检测的变量通过函数运算求的，因此将它们对应的变量视实际需要设置为内存整型或内存实型。在这些数据中，粮仓的各层最高温、最低温、均温分别由 12 个文本显示重叠在一起，在系统运行时，通过各层显示按钮的切换将它们隐含或显示出来，因此需对这些文本显示进行隐含动画连接，它们的隐含条件设置相似，以第一层最高温、最低温、均温隐含条件设置为例，这三个隐含条件均为：\\本站点\TA1 仓第一层显示==1。

各层最高温、最低温、均温的文本显示，数据是经过对各层各节点数据相应运算出结果得到的，以第一层为例，对最高温、最低温、均温的求解命令语言编辑为：

//第一层高温
\\本站点\TA1 仓第一层高温= Max(Max(\\本站点\TA1 仓第一层节点 1,\\本站点\TA1 仓第一层节点 2,\\本站点\TA1 仓第一层节点 3,\\本站点\TA1 仓第一层节点 4,\\本站点\TA1 仓第一层节点 5,\\本站点\TA1 仓第一层节点 6,\\本站点\TA1 仓第一层节点 7,\\本站点\TA1 仓第一层节点 8,\\本站点\TA1 仓第一层节点 9,\\本站点\TA1 仓第一层节点 10, \\本站点\TA1 仓第一层节点 11,\\本站点\TA1 仓第一层节点 12),\\本站点\TA1 仓第一层节点 13,\\本站点\TA1 仓第一层节点 14,\\本站点\TA1 仓第一层节点 15,\\本站点\TA1 仓第一层节点 16,\\本站点\TA1 仓第一层节点 17,\\本站点\TA1 仓第一层节点 18,\\本站点\TA1 仓第一层节点 19,\\本站点\TA1 仓第一层节点 20,\\本站点\TA1 仓第一层节点 21,\\本站点\TA1 仓第一层节点 22,\\本站点\TA1 仓第一层节点 23);

//第一层低温
\\本站点\TA1 仓第一层低温= Min(Min(\\本站点\TA1 仓第一层节点 1,\\本站点\TA1 仓第一层节点 2,\\本站点\TA1 仓第一层节点 3,\\本站点\TA1 仓第一层节点 4,\\本站点\TA1 仓第一层节点 5,\\本站点\TA1 仓第一层节点 6,\\本站点\TA1 仓第一层节点 7,\\本站点\TA1 仓第一层节点 8,\\本站点\TA1 仓第一层节点 9,\\本站点\TA1 仓第一层节点 10, \\本站点\TA1 仓第一层节点 11,\\本站点\TA1 仓第一层节点 12),\\本站点\TA1 仓第一层节点 13,\\本站点\TA1 仓第一层节点 14,\\本站点\TA1 仓第一层节点 15,\\本站点\TA1 仓第一层节点 16,\\本站点\TA1 仓第一层节点 17,\\本站点\TA1 仓第一层节点 18,\\本站点\TA1 仓第一层节点 19,\\本站点\TA1 仓第一层节点 20,\\本站点\TA1 仓第一层节点 21,\\本站点\TA1 仓第一层节点 22,\\本站点\TA1 仓第一层节点 23);

//第一层均温
\\本站点\TA1 仓第一层均温=(\\本站点\TA1 仓第一层节点 1+\\本站点\TA1 仓第一层节点 2+\\本站点\TA1 仓第一层节点 3+\\本站点\TA1 仓第一层节点 4+\\本站点\TA1 仓第一层节点 5+\\本站点\TA1 仓第一层节点 6+\\本站点\TA1 仓第一层节点 7+\\本站点\TA1 仓第一层节点 8+\\本站点\TA1 仓第一层节点 9+\\本站点\TA1 仓第一层节点 10+\\本站点\TA1 仓第一层节点 11+\\本站点\TA1 仓第一层节点 12+\\本站点\TA1 仓第一层节点 13+\\本站点\TA1 仓第一层节点 14+\\本站点\TA1 仓第一层节点 15+\\本站点\TA1 仓第一层节点 16+\\本站点\TA1 仓第一层节点 17+\\本站点\TA1 仓第一层节点 18+\\本站点\TA1 仓第一层节点 19+\\本站点\TA1 仓第一层节点 20+\\本站点\TA1 仓第一层节点 21+\\本站点\TA1 仓第一层节点 22+\\本站点\TA1 仓第一层节点 23)/23;

其他各层的求解命令语言编辑与上述类似。粮均温、仓最高温、仓最低温这三个文本显示数据是通过对各层的最高温、最低温和均温数据进行相应运算求得，这三个文本显示数据的求解命令语言编辑为：

//粮均温
\\本站点\TA1 仓粮均温=(\\本站点\TA1 仓第一层均温+\\本站点\TA1 仓第二层均温+\\本站点\TA1 仓第三层均温+\\本站点\TA1 仓第四层均温+\\本站点\TA1 仓第五层均温+\\本站点\TA1 仓第六层均温+\\本站点\TA1 仓第七层均温+\\本站点\TA1 仓第八层均温+\\本站点\TA1 仓第九层均温+\\本站点\TA1 仓第十层均温+\\本站点\TA1 仓第十一层均温+\\本站点\TA1 仓第十二层均温)/12;
//最高温
\\本站点\TA1 仓最高温=Max(\\本站点\TA1 仓第一层高温,\\本站点\TA1 仓第二层高温,\\本站点\TA1 仓第三层高温,\\本站点\TA1 仓第四层高温,\\本站点\TA1 仓第五层高温,\\本站点\TA1 仓第六层高温,\\本站点\TA1 仓第七层高温,\\本站点\TA1 仓第八层高温,\\本站点\TA1 仓第九层高温,\\本站点\TA1 仓第十层高温,\\本站点\TA1 仓第十一层高温,\\本站点\TA1 仓第十二层高温);
//最低温
\\本站点\TA1 仓最低温=Min(\\本站点\TA1 仓第一层低温,\\本站点\TA1 仓第二层低温,\\本站点\TA1 仓第三层低温,\\本站点\TA1 仓第四层低温,\\本站点\TA1 仓第五层低温,\\本站点\TA1 仓第六层低温,\\本站点\TA1 仓第七层低温,\\本站点\TA1 仓第八层低温,\\本站点\TA1 仓第九层低温,\\本站点\TA1 仓第十层低温,\\本站点\TA1 仓第十一层低温,\\本站点\TA1 仓第十二层低温);

粮仓内温度是通过在粮仓内设置四个温度检测节点进行检测，将得到的数据进行求平均值运算得到，其运算的命令语言编辑为：

//TA1 仓温
\\本站点\TA1 仓温=(\\本站点\TA1 仓温节点 1+\\本站点\TA1 仓温节点 2+\\本站点\TA1 仓温节点 3+\\本站点\TA1 仓温节点 4)/4;

粮仓外温度是通过在粮仓外设置十个温度检测节点进行检测，将得到的数据进行求平均值运算得到，其运算的命令语言编辑为：

//仓外温
\\本站点\仓外温=(\\本站点\外温节点 1+\\本站点\外温节点 2+\\本站点\外温节点 3+\\本站点\外温节点 4+\\本站点\外温节点 5+\\本站点\外温节点 6+\\本站点\外温节点 7+\\本站点\外温节点 8+\\本站点\外温节点 9+\\本站点\外温节点 10)/10;

粮仓内湿度是通过在粮仓内设置六个湿度检测节点进行检测，将得到的数据进行求平均值运算得到，其运算的命令语言编辑为：

//TA1 仓湿
\\本站点\TA1 仓湿=(\\本站点\TA1 仓湿节点 1+\\本站点\TA1 仓湿节点 2+\\本站点\TA1 仓湿节点 3+\\本站点\TA1 仓湿节点 4+\\本站点\TA1 仓湿节点 5+\\本站点\TA1 仓湿节点 6)/6;

粮仓外湿度是通过在粮仓内设置十个湿度检测节点进行检测，将得到的数据进行求平均值运算得到，其运算的命令语言编辑为：

//仓外湿
\\本站点\外湿=(\\本站点\外湿节点 1+\\本站点\外湿节点 2+\\本站点\外湿节点 3+\\本站点\外湿节点 4+\\本站点\外湿节点 5+\\本站点\外湿节点 6+\\本站点\外湿节点 7+\\本站点\外湿节点 8+\\本站点\外湿节点 9+\\本站点\外湿节点 10)/10;

检测日期和时间文本的显示是通过与组态王内部的日期和时间变量进行动画连接构建而

成的，至此，粮食基本资料图框建立完成。

3. 粮仓画面中功能图素设计

为了使工作人员能更方便地进行各粮仓画面的切换，在每个粮仓画面中构建粮仓画面切换菜单，以 TA1 仓为例，在其菜单列表框中键入其他粮仓画面的名称，将命令语言编辑为：

```
if(menuindex==0)
ShowPicture("TA2 仓画面");
if(menuindex==1)
ShowPicture("TA3 仓画面");
if(menuindex==2)
ShowPicture("TA4 仓画面");
if(menuindex==3)
ShowPicture("TA5 仓画面");
if(menuindex==4)
ShowPicture("TB1 仓画面");
if(menuindex==5)
ShowPicture("TB2 仓画面");
if(menuindex==6)
ShowPicture("TB3 仓画面");
if(menuindex==7)
ShowPicture("TB4 仓画面");
if(menuindex==8)
ShowPicture("TB5 仓画面");
```

通过上述过程建立了粮仓间的画面切换菜单。建立十个进入各仓报表画面的图素按钮和十个进入各仓数据曲线的图素按钮以实现对每个画面的切换功能，以切换到 TA1 仓实时报表画面、TA1 仓历史报表画面和切换到 TA1 仓数据曲线画面的设置为例，对这三个按钮的命令语言编辑为：

```
ShowPicture("TA1 仓实时报表画面");
ShowPicture("TA1 仓历史报表画面");
ShowPicture("TA1 仓数据曲线");
```

其余各按钮的设置与此类似。构建一个返回主画面的图素按钮，其命令语言编辑为：

```
ShowPicture("粮仓主画面");
```

对时钟图素和退出系统按钮的设置与在粮仓主画面中的设置一样，至此，完整的粮仓画面建立完成。

17.3.4 报表画面设计

报表画面分为实时数据报表和历史数据报表。实时数据报表内容是将现场的监测信息实时报告出来，使工作人员实时掌握粮情信息。在历史数据报表画面中通过设定历史数据查询功能可查阅记录的历史数据信息，方便有关人员调查在粮食存储过程中的有关信息。每个粮仓建立一个对应的实时数据报表画面和历史数据报表画面，各仓的报表画面结构组成及变量设置相同，因此下面仅详述 TA1 仓报表画面的设计过程，其他仓的报表画面设计过程与此类似。

1．实时数据报表画面设计

组态王提供内嵌式报表系统，工程人员可以任意设置报表格式，对报表进行组态。组态王为工程人员提供了丰富的报表函数，实现各种运算、数据转换、统计分析、报表打印等。既可以制作实时报表，也可以制作历史报表。组态王还支持运行状态下单元格的输入操作，在运行状态下通过鼠标拖动改变行高、列宽。另外，工程人员还可以制作各种报表模板，实现多次使用，以免重复工作。通过组态王提供的工具建立的实时数据报表画面如图 17-14 所示。

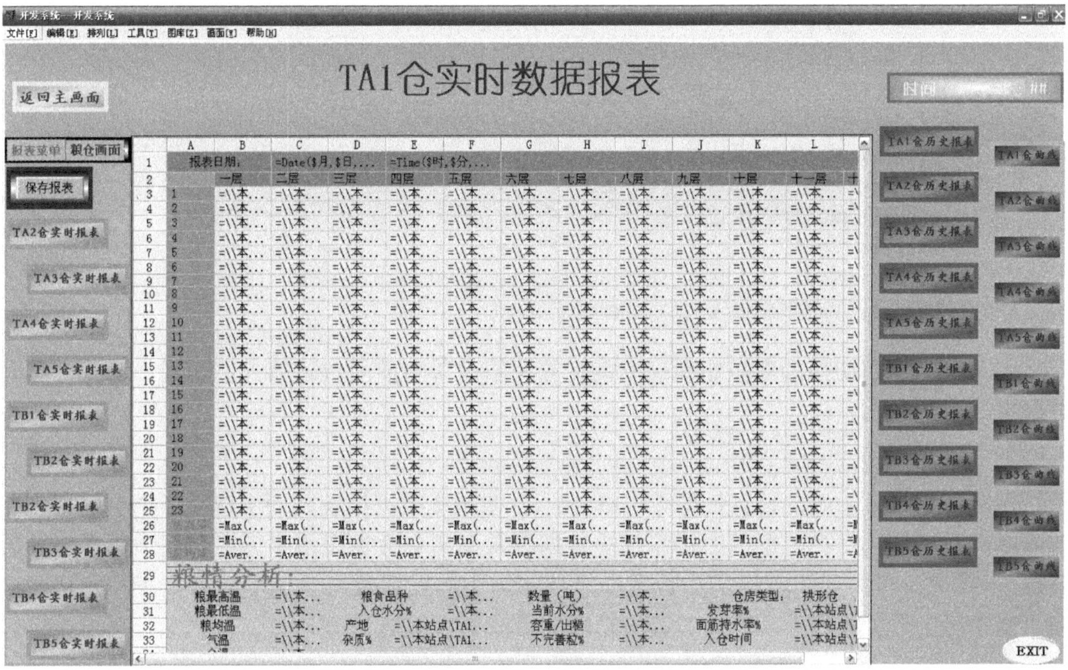

图 17-14　实时数据报表画面

对报表设置为 35 行 13 列。根据工作人员的需要设置相关数据，在需要直接输出数据的表格中进行对应的变量连接，例如在 B3 格中需要输出 TA1 仓第一层节点 1 的数据，需要在 B3 格中键入"=\\本站点\TA1 仓第一层节点 1"。在每个直接连接变量的表格中或在表格中需要进行函数运算的运算式前加"="，否则组态王会将其视为字符串，将直接输出变量名或运算式。报表中的层温输出数据需要进行函数运算以第一层的层高温、层低温和均温为例，这三个数据输出的函数运算式依次为：

```
=Max('B3：B26')
=Min('B3：B26')
=Average('B3：B26')
```

在画面中设置"报表菜单"，报表菜单中有"打印实时数据报表"和"实时数据报表打印预览"功能，对这两项功能的命令语言编辑为：

```
//打印实时数据报表
if (MenuIndex==0)
{
ReportPrint2("实时数据报表");
```

```
}
//实时数据报表打印预览
if(MenuIndex == 1)
{
ReportPrintSetup("实时数据报表");
}
```

创建一个"保存报表"功能按钮，此按钮功能是将实时报表以当前的日期时间为文件名将报表以表格的形式存储到指定路径的文件夹中，对按钮的命令语言编辑为：

```
string filename;
filename="F:\练习 1\粮仓温湿监控系统\实时数据文件夹"+
        StrFromReal(\\本站点\$年, 0, "f" )+
        StrFromReal(\\本站点\$月, 0, "f" )+
        StrFromReal(\\本站点\$日, 0, "f" )+
        StrFromReal(\\本站点\$时, 0, "f" )+
        StrFromReal(\\本站点\$分, 0, "f" )+
        StrFromReal(\\本站点\$秒, 0, "f" )+".xls";
ReportSaveAs("实时数据报表",fileName);
```

画面中的画面切换图素按钮和退出系统按钮的设置与前面叙述的方法相同。至此，实时数据报表画面建立完成。

2．历史数据报表画面设计

历史数据报表画面的设计如图 17-15 所示。在历史数据报表画面中建立一个空的报表，目的是为了工作人员在需要的时候将历史数据导入到历史数据表格中。在画面中设置"报表菜单"，报表菜单中有"查询历史数据"、"打印历史数据报表"、"历史数据报表打印预览"和"清空历史数据报表"功能，对菜单功能的命令语言编辑为：

```
//查询历史数据
if (MenuIndex==0)
{
ReportSetHistData2(1,1);
}
//打印历史数据报表
if (MenuIndex==1)
{
ReportPrint2("历史数据报表");
}
//历史数据报表打印预览
if(MenuIndex==2)
{
ReportPrintSetup("历史数据报表");
}
//清空历史数据报表
if(MenuIndex==3)
{
ReportLoad("历史数据报表","F:\练习 1\粮仓温湿监控系统\实时数据文件夹\清空历史数据报表.xls");
}
```

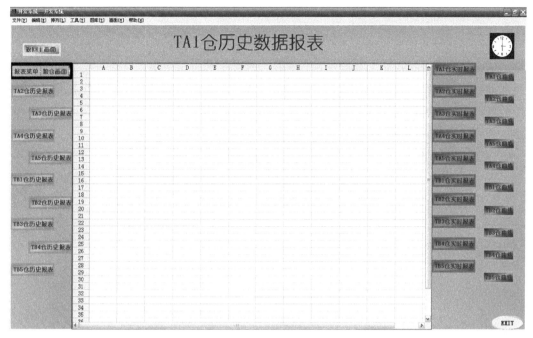

图 17-15　历史数据报表画面

　　当系统运行时，使用"查询历史数据"功能选项将弹出对话框如图 17-16 所示，在对话框的报表属性中由于画面中只有一个数据报表，因此报表名称固定为"历史数据报表"，需要查询的数据在报表中的起始行和起始列根据需要由操作人员自行设置，数据的排列形式也由操作人员自行选择。在时间属性中操作人员可以选择记录历史数据的起始时间和终止时间，并且可以设定要查询的数据的时间间隔。在变量选择栏中工作人员可以在历史库或工业库中选择记录的变量。画面中的画面切换图素按钮和退出系统按钮的设置与前面叙述的方法相同。至此，历史数据报表画面建立完成。

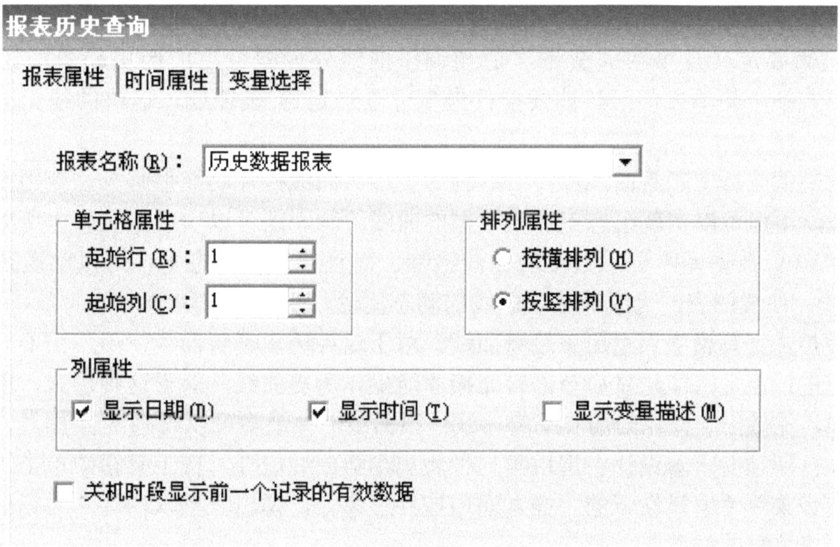

图 17-16　报表历史查询对话框

17.3.5　温湿度曲线汇总图设计

　　温湿度曲线汇总图是将粮仓内的粮食最高温、最低温、粮均温、仓均温和仓内湿度这五个最能体现粮食储存过程中的实际情况以变化曲线的形式表示出来，这样一来工作人员能更加直观地对粮食在某一段时间的储存变化情况加以了解掌握。由于各个粮仓的温湿度曲线汇总图的设计过程相同，因此以 TA1 仓的设计过程加以详述。TA1 仓的温湿度曲线汇总图如图 17-17 所示。组态王提供三种形式的历史趋势曲线：

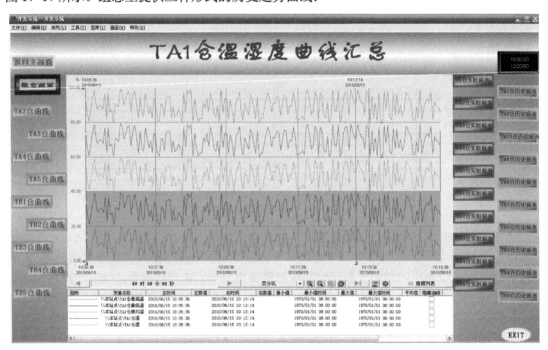

图 17-17　TA1 仓温湿度曲线汇总图

　　第一种是从图库中调用已经定义好各功能按钮的历史趋势曲线，对于这种历史趋势曲线，用户只需要定义几个相关变量，适当调整曲线外观即可完成历史趋势曲线的复杂功能，这种形式使用简单方便；该曲线控件最多可以绘制 8 条曲线，但该曲线无法实现曲线打印功能。

　　第二种是调用历史趋势曲线控件，这种历史趋势曲线控件功能很强大，使用比较简单。通过该控件，不但可以实现组态王历史数据的曲线绘制，还可以实现工业库中历史数据的曲线绘制、ODBC 数据库中记录数据的曲线绘制，而且在运行状态下，可以实现在线动态增加/删除曲线、曲线图表的无级缩放、曲线的动态比较、曲线的打印等。

　　第三种是从工具箱中调用历史趋势曲线，对于这种历史趋势曲线，用户需要对曲线的各个操作按钮进行定义，即建立命令语言连接才能操作历史曲线，对于这种形式，用户使用时自主性较强，能做出个性化的历史趋势曲线；该曲线控件最多可以绘制 8 条曲线，该曲线无法实现曲线打印功能。本设计中选用第二种历史趋势曲线控件。在工具箱中单击"插入通用控件"或选择菜单"编辑"下的"插入通用控件"命令，弹出"插入控件"对话框，在列表中选择"历史趋势曲线"。

　　在开发系统中建立一个大小适中的历史趋势曲线控件图。此控件有五种固有属性：曲线、坐标系、预置打印选项、报警区域选项、游标配置选项。通过控件的五种属性绘制的趋势曲线如图 17-17 所示。由于此控件自带在运行状态下可以实现在线动态增加/删除曲线、曲线图表的无级缩放、曲线的动态比较、曲线的打印等功能，因此不必再对这些功能另建立功能按钮。画面中的画面切换图素按钮和退出系统按钮的设置与前面叙述的方法相同。至此，历史趋势曲线汇总画面建立完成。基于组态王软件的粮情监控系统的上位机主要界面已经建立完成。

习题与思考题

1）为什么很多管控系统使用 CAN 总线技术？

2）简述系统上位机软件和下位机软件各自的主要功能。

大型电镀加工生产控制能够实现自动化、智能化、高效化的将电镀基材经过系列化复杂的工序的加工处理，提高控制效率，需要对加工系统硬件设备进行结构分析，并就实现的功能建立科学合理、环保节能的控制方式，将流水化作业方式变得更加简洁方便，灵活快速处理多个工序环节所需完成的加工任务，实时对电镀件进行表面处理、电镀、水洗、回收，并完成放料，传感器检测技术、控制系统自动控制技术需要充分的得到运用，建立的控制结构需体积小，抗干扰能力强，从而降低成本投入，为普遍的工厂改良提供应用的基础，且工作能力强，故障率低，具有实际应用意义。

18.1 电镀控制系统的总体设计思路

18.1.1 电镀工艺选择功能

电镀生产加工线按照电镀的控制方式可以分为滚镀生产线、环形流水线电镀控制生产线和直线龙门电镀生产线，为了更好地改良与优化电镀控制过程，选择龙门式直线电镀的方式。电镀工艺复杂多样，包含除油、酸洗、水洗、回收和其他环节，在研究中针对改良实现自动化高效化控制的环节有：器件需要先经过酸洗、再经过水洗 1 环节（图 18-1）、然后自动控制电镀良好保障电镀的质量，经过废液回收工艺、进一步的水洗降低重金属污染、最终生产线实现放料的控制加工过程，在此控制过程中，需要对以下功能进行着重的设计与实现：

1）实时远程监控电镀生产加工的运行状态以及灵活人性化的数据的设定，远程端实现监控操作能力。

2）自动检测传感器检测各个工位的精确的位置，为基材的电镀加工提供定位保障，并有序的为执行输出提供方向转变命令，执行机械机构能够带动电镀件完成上下左右的移动。

3）为了预防电镀过程中的突发的情况，系统增加急停控制功能以及自动停止功能，并具备急停显示输出功能，给人警示作用，同时故障检测是保障动力执行控制系统的所必需的，能够确保电镀控制系统在正常良好的硬件的性能保障下完成电镀加工环节的控制过程。

4）实现自动控制方式，手动模式能够单一的实现对各个环节的运行设备启动与停止控制，多样化控制模式为电镀控制系统增加了控制方式的保障。

图 18-1　电镀控制系统顺序流程设计

嵌入无线通信方式实现手机 APP 监测控制电镀加工生产质量的监控，开发单片机控制系统能控制模式终端服务器。运行装备需要实时能够实现无线传输效率，且控制电子设备比较多，对于网络通信的需求要求严格，开发以及投入成本过高，不利于广泛的应用，而 PLC 在满足控制功能条件下，能够实现稳定信号的传输，并且控制硬件更加容易被接受，控制成本低，结构简单，在编写程序上容易被现场工程师熟悉，具备更强的应用扩展能力，能够稳定的提供快速的响应速度，使得控制复杂的电镀控制系统能够高效有序的完成执行输出，因此选择 PLC 作为控制系统的关键硬件。

18.1.2 电镀控制顺序流程

电镀自动控制顺序流程设计如图 18-1 所示：

如图 18-1 所示，电镀控制系统能够控制机械控制系统按照定位检测设定，顺序流程控制电镀生产环节如下：

1）自动启动后，机械执行下行输出，下行到位后，夹紧运行，夹紧完毕后，执行上行，上行到位，停止，开始控制机械左行输出，左行到位后，达到酸洗环节，左行停止，机械则开始下行。

2）电镀工艺达到酸洗环节，机械执行下行输出，下行到位后，停止，等待酸洗，定时到后启动上行，上行到位后，停止上行，机械左行输出左行到达水洗 1 位置，机械左行停止。

3）电镀工艺达到水洗 1 环节，机械执行下行输出，下行到位后，停止，等待水洗 1，定时到后启动上行，上行到位后，停止上行，机械左行输出左行到达电镀位置，机械左行停止。

4）电镀工艺达到开始电镀环节，机械执行下行输出，下行到位后，停止，等待电镀，定时到后启动上行，上行到位后，停止上行，机械左行输出左行到达回收位置，机械左行停止。

5）电镀工艺达到开始回收环节，机械执行下行输出，下行到位后，停止，等待电镀，定时到后启动上行，上行到位后，停止上行，机械左行输出左行到达水洗 2 位置，机械左行停止。

6）电镀工艺达到开始水洗 2 环节，机械执行下行输出，下行到位后，停止，等待电镀，定时到后启动上行，上行到位后，停止上行，机械左行输出左行到达放料位置，机械左行停止。

放料需要机械双轴控制上下电机执行下行，下行到位后，松开运行，执行输出上行到位后，控制电镀横梁机构开始右行，右行到右限位停止运行，进行下一基材的电镀加工。

18.1.3 电镀控制过程工作原理及技术要求

电镀控制系统中按照 PLC 的运行控制原理进行实时快速的外部硬件的高电平信号的采集，经过内部的逻辑编程的计算比较输出，高电平控制外部的执行结构，能够实现上下、左右运行，并能够借助定时指令延时控制以保障酸洗充分，经过水洗 1、2 后电镀，回收电镀环节的功能实现，借助通信协议，完成组态王界面的数据的传输与显示，读取控制地址存储器，提升电镀系统的控制能力。

电镀系统使用的硬件结构简易，电镀逻辑控制能力都集中在硬件 PLC 中，上下左右运动中其他硬件能够确保稳定运动，实现控制任务，稳定及时传输信号，执行输出过程，控制中传送执行输出电机以及保护器件中热继电器、熔断器、按钮、指示灯等均需按照电镀系统对响应速度快、安全性能强、通用稳定的硬件需求进行选型和设计。使 PLC 的电镀控制系统控制实现产线上电镀行车的自动化控制，对系统硬件和软件进行设计，以实现电镀生产线的高效可靠运行。

实现电镀控制系统的功能要求，编程软件需要能够提供丰富的编写界面，统一的编程规范，并满足逻辑需求。控制 PLC 内部的存储器，输入输出端进行逻辑编辑，实现数字逻辑控制系统功能，给自动逻辑的上传下载提供条件逻辑编译能力，能够随时检测编写逻辑的规范性，程序与组态界面均为软件设计提供界面保障。

18.2　电镀控制系统的硬件设计

18.2.1　PLC 的选型

电镀系统中选择西门子 S7-200 PLC 实现电镀逻辑控制，晶体管输出控制能够为电镀系统的响应速度的需求，提供信号处理高速保障，选择型号为 CPU226，具体 PLC 硬件图如图 18-2 所示。

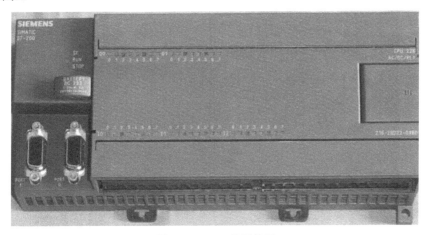

图 18-2　PLC 的硬件图

电镀控制系统环节众多，需要机械执行结构完成上下、左右执行输出，并能够对发生的特殊的情况进行报警指示，同时控制系统控制方式多样，需要 PLC 能够在输出与输入通用端口提供硬件保障，根据综合点数，能够确定 PLC 型号，订货号为 6ES7 216-2BD23-0XB8，工作电源为 24V DC，每 8 个点为一组，输入为 3 组，24 个输入点，输出为 2 组，16个输出点，可满足电镀加工系统的控制需求。

18.2.2　PLC 硬件电路的接线图

PLC 接线图如图 18-3 所示，S7-200 PLC 输入端 I 点，24V 开关电源为 PLC 供电，输入、输出回路提供必要的运行能源，输入接线端口接入正负极，按照 PLC 内部集成电路的工作特点，西门子 S7-200PLC 输入输出高电平输入，而输出回路上下、左右运动输出，其他运行中需输出指示的均借助 KA 小型硬件，当 Q 输出信号后，控制 KA 线圈导通，KA 硬件发挥间接控制效果，控制外部机械运动单元的目标控制输出。输出的公共端 1M、2M 与 24V 电源负极连接，1L、2L 与 24V 电源正极连接。输入回路中均为传感检测与按钮内部开点，并联在一起，L+与 24V+连接，开点一端连接到一起，保障高电平输入线路，并将导通信号给定 PLC。

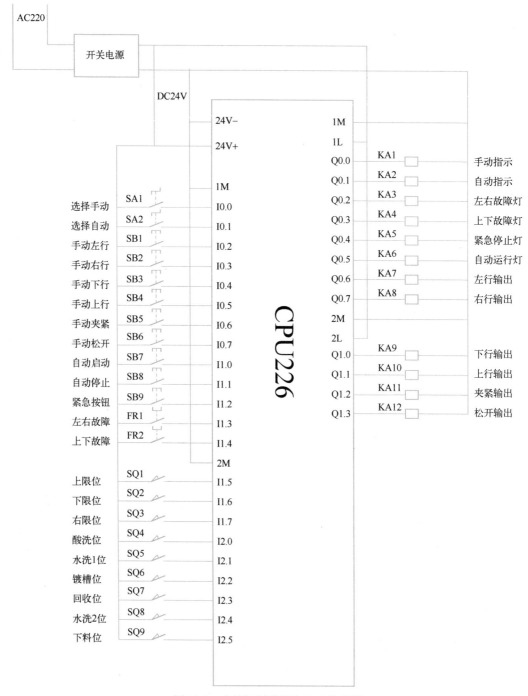

图 18-3 电镀控制系统的 PLC 接线图

当 PLC 有输出信号后，导通输出回路中的 KA 线圈，KA 的开点连接到二次回路中，用来控制 HL、KM、YV 外部执行控制硬件，FU1、FU2 能够起到电路保护的作用，最终执行传动的电机动作，即借助 KA、KM 的信号的传递，间接能够控制电机执行输出。

最终执行电气元件的上下、左右电机的起动，传动实现正向与反向输出，电机回路的 QF1、QF2 为断路器，KM1～KM4 的三项端子分别与 QF 与电机的三项端子连接，保障起停的开关作用，KM 开点闭合时，电镀机械结构轴向控制电机会导通，保障电镀环节的运输任务，电镀控制系统执行电机外部接线图如图 18-4 所示。

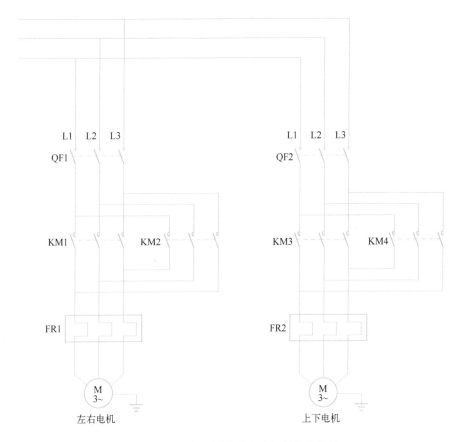

图 18-4　电镀控制系统执行电机外部接线图

18.3　电镀控制系统控制系统软件设计

18.3.1　PLC 编程软件简介

PLC 编程软件界面图如图 18-5 所示。

操作栏　　　　指令树　　　　　　　　　交叉参考　数据块　状态图　　　　符号表

输出窗口　　　　　　　状态条　　　　　　　　程序编辑器　　　　局部变量

图 18-5　PLC 编程软件界面图

18.3.2　电镀控制系统编程设计

（1）电镀自动启动控制编程

电镀系统中执行设备左右故障 Q0.2 为 1，或是上下故障 Q0.3 为 1，或是给定紧急停止 Q0.4 输出为 1 后，执行 M4.1 为 1，左右位置 VW20 和上下位置 VW22 为 0，控制 M4.2 输出为 1，表示电镀执行机构在原点位置，当给定自动启动 I1.0 命令或是 M11.0 后，未出现故障，停止，则系统 Q0.5 输出为 1，自保持电路，长导通自动输出指示，确保电镀系统自动工作中，如图 18-6 所示。

（2）下行夹紧输出编程

自动运行后启动下行输出 M3.2 为 1，控制 Q1.0 输出为 1，下行到下限位，上下位置 VW20 为 80，VW22 为 0，下行输出 M3.2 为 1，夹紧输出 M3.4 为 1，Q1.2 输出为 1，夹紧延时 1.2s，控制命令 M4.0 输出为 1，M4.0 复位夹紧 M3.4 为 1，同时上行输出 M3.3 为 1，上行 Q1.1 输出，同时可以到酸洗环节，进行工件表面处理，如图 18-7 所示。

网络 8

左右故障灯:Q0.2　设备故障:M4.1

上下故障灯:Q0.3

紧急停止灯:Q0.4

网络 9

上下位置:VW20　左右位置:VW22　在原点:M4.2
　==I　　　　　　==I
　　0　　　　　　　0

网络 10

自动指示:Q0.1　在原点:M4.2　自动启动:I1.0　自动停止:I1.1　自动停止Z:M11.1　设备故障:M4.1　自动运行灯:Q0.5

在原点:M4.2　自动启动Z:M11.0

自动运行灯:Q0.5

图 18-6　自动启动控制

网络 11

自动运行灯:Q0.5　　　　P　　　　下行输出A:M3.2
　　　　　　　　　　　　　　　　　（S）
　　　　　　　　　　　　　　　　　　1

网络 12

下行输出A:M3.2　已夹紧:M4.0　左右位置:VW22　上下位置:VW20　下行输出A:M3.2
　　　　　　　　　　/　　　　==I　　　　==I　　　　（R）
　　　　　　　　　　　　　　　0　　　　　80　　　　　1
　　　　　　　　　　　　　　　　　　　　　　　夹紧输出A:M3.4
　　　　　　　　　　　　　　　　　　　　　　　（S）
　　　　　　　　　　　　　　　　　　　　　　　　1

网络 13

夹紧输出A:M3.4　已夹紧:M4.0　夹紧输出A:M3.4
　　　　　　　　　　　　　　（R）
　　　　　　　　　　　　　　　1
　　　　　　　　　　　上行输出A:M3.3
　　　　　　　　　　　（S）
　　　　　　　　　　　　1

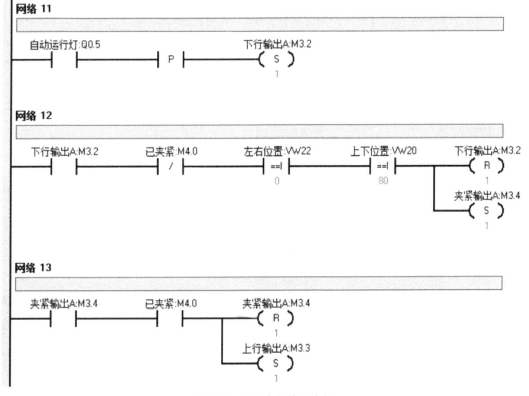

图 18-7　下行夹紧输出编程

（3）酸洗环节控制编程

自动运行中，左右位置 VW22 为 50 后，表示启动下行输出 M3.2 为 1，Q1.0 输出为 1，当运行到下限位，VW20 存储数值等于 80 后，下行 Q1.0 输出为 0，同时定时输出 M5.0 为 1，控制 T37 定时开始，按照设定的酸洗时间 VW30，当 T37 定时酸洗时间到后，停止酸洗命令，M5.0 为 1，上行输出 M3.3 为 1，控制 Q1.1 输出为 1。上行到位后，酸洗等待时间延时，控制编程如图 18-8 所示，自动运行中，上行 Q1.1 输出为 1。上行到位后，VW20 存储数值为 0，左右位置 VW22 为 50，上行输出 M3.3 为 1，酸洗等待命令 M6.0 为 1，控制定时器 T45 启动，定时延时按照设定的 VW40 中时间进行延时等待，保障表面酸性溶液降落，并且能够留出充分的氧化还原等待时间，为电镀的品质提供保障，当 T45 定时达到后，开点闭合，左行输出 M3.0 为 1，Q0.6 输出为 1，酸洗等待 M6.0 输出为 1，如图 18-9 所示。

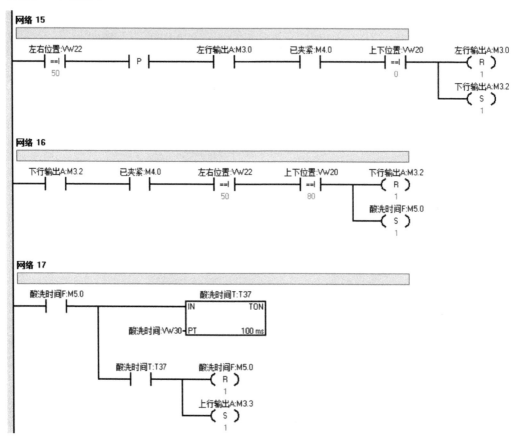

图 18-8　酸洗控制编程

（4）延时电镀控制编程

当运行到左右位置 VW22 为 150，左行输出运行中，同时夹紧输出 M4.0 为 1，上下位置 VW20 为 0，左行输出停止，达到电镀位置，下行输出 M3.2 为 1，控制 Q1.0 输出为 1，下行达到 VW20 数值为 80 时，下行输出 M3.2 为 0，进行镀槽工作，开始电镀中，并按照电镀设定的时间存储器 VW34 中的时间进行定时，T39 定时到后，开点闭合停止定时命令 M5.2 输出为 1，同时上行输出 Q1.1，运行到 VW20 为 0 后，停止上行，如图 18-10 所示。

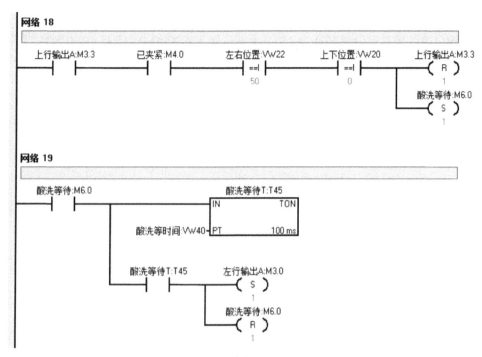

图 18-9　酸洗等待延时控制编程

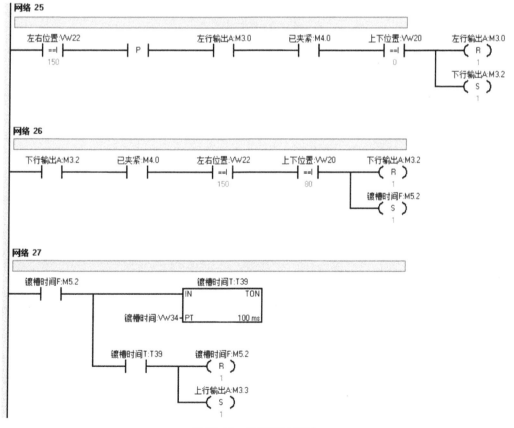

图 18-10　电镀延时控制

（5）电镀槽等待延时控制编程

上行输出中，当左右位置判断为 150，上下位置 VW20 为 0，上行 Q1.1 为 0，镀槽等待 M6.2 为 1，等待 T47 定时电镀等待时间 VW44，定时到后，T44 置位左行 M3.0 为 1，Q0.6 输出，控制执行左右电机向左运行达到下一目标位，如图 18-11 所示。

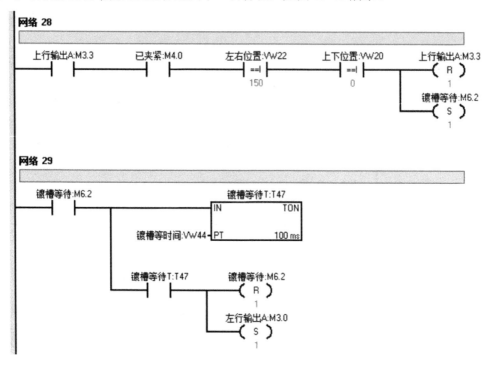

图 18-11　电镀槽等待延时控制

（6）回收环节控制编程

达到回收位置后，控制下行输出，Q1.1 输出为 1，该环节与电镀、水洗、酸洗控制逻辑相同，按照设定回收时间 VW36 开始定时，T40 定时到达后，回收时间 M5.3 为 0，上行输出 M3.3 输出，Q0.6 输出，达到 VW20 为 0，VW22 为 200 时，开始等待输出，设定回收等待时间，定时达到后，开始左行到水洗 2 环节，控制流程相同原理，最后达到收料位置，如图 18-12 所示。

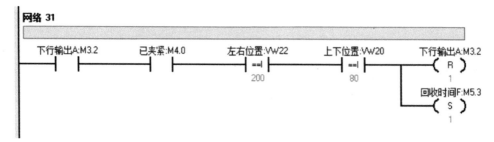

图 18-12　回收处理编程

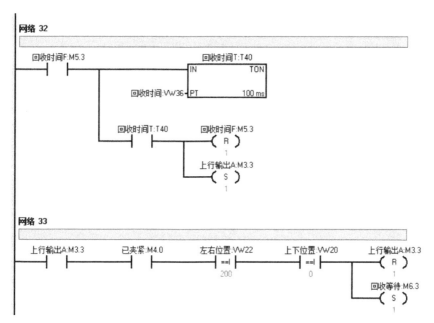

图 18-12　回收处理编程（续）

（7）下料环节控制编程

最后达到下料位置，如图 18-13 所示，VW22 为 300，VW20 为 0，左行输出 M3.0 为 0，下行输出 M3.2 为 1，Q1.0 为 1，运行到 VW20 为 80 后，下行输出 M3.2 为 1，松开输出 M3.5 输出为 1，控制 Q1.3 为 1，松开后，延时定时控制 M4.0 已夹紧输出，为 0，开始上行，M3.3 命令控制 Q0.6 输出为 1，达到上限位后，控制机械机构运行到右限位，编程如图 18-14 所示。

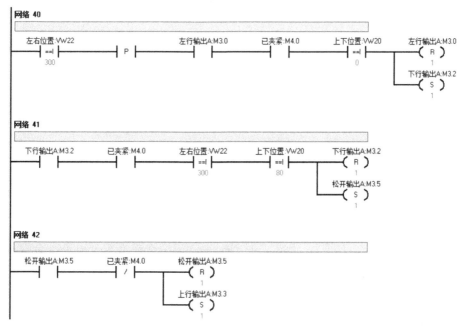

图 18-13　下料位达到编程

217

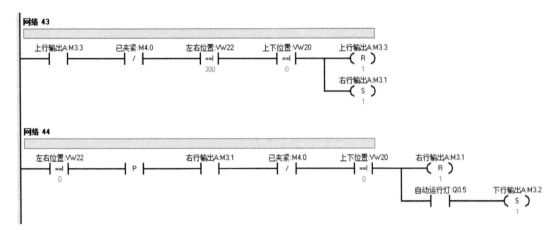

图 18-14　达到右限位编程

右行输出 Q0.7 为 1，同时左右 VW22 为 0，VW20 上下位置为 0，表示达到原点，此时在自动运行中，为了高效率完成电镀，需要重新启动自动电镀取件任务，下行输出 M3.2 为 1，Q1.0 再次下行中，完成循环电镀过程。

18.4　电镀控制系统自动控制组态画面设计

18.4.1　组态画面布置设定

电镀控制系统控制显示区设置在左侧，并且将电镀控制流水线按照电镀所需的加工顺序依次排列，先经过酸洗、水洗 1、镀槽、回收、水洗 2，最终下料，完成电镀过程，运行时间与等待时间均能够为灵活应用提供保障，机械执行装备龙门直线性运行，如图 18-15 所示。

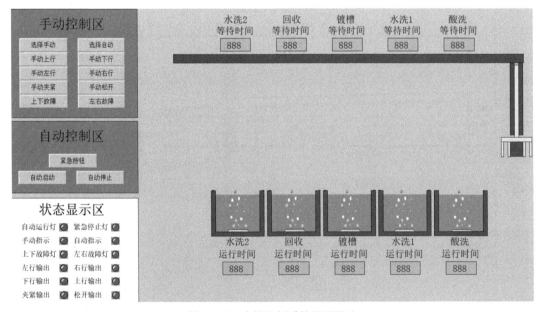

图 18-15　电镀控制系统界面设计

18.4.2　电镀控制系统的实时数据库建立

组态王中的实时数据库能够保障组态能够通过 PLC 内部地址，进行远程端的控制，需要建立变量，比如"手动指示"，需要建立选择变量的类型，连接设备，选择新 I/O 设备，同时寄存器地址为 Q0.0，bool 类型，可读写方式，其他需要的变量均连接设备地址，录入完毕后，即可绘制画面，进行动态连接，如图 18-16 所示。

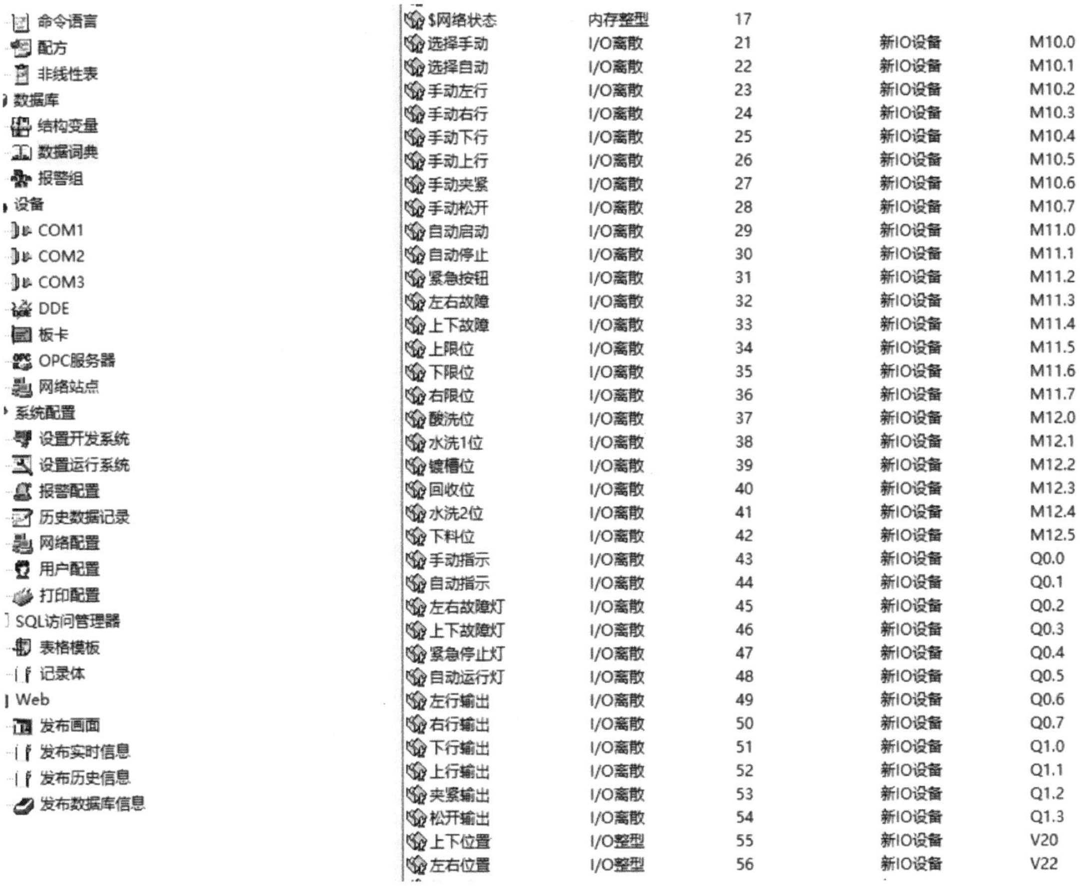

命令语言	$网络状态	内存整型	17	
配方	选择手动	I/O离散	21	新IO设备　M10.0
非线性表	选择自动	I/O离散	22	新IO设备　M10.1
数据库	手动左行	I/O离散	23	新IO设备　M10.2
结构变量	手动右行	I/O离散	24	新IO设备　M10.3
数据词典	手动下行	I/O离散	25	新IO设备　M10.4
报警组	手动上行	I/O离散	26	新IO设备　M10.5
设备	手动夹紧	I/O离散	27	新IO设备　M10.6
COM1	手动松开	I/O离散	28	新IO设备　M10.7
COM2	自动启动	I/O离散	29	新IO设备　M11.0
COM3	自动停止	I/O离散	30	新IO设备　M11.1
DDE	紧急按钮	I/O离散	31	新IO设备　M11.2
板卡	左右故障	I/O离散	32	新IO设备　M11.3
OPC服务器	上下故障	I/O离散	33	新IO设备　M11.4
网络站点	上限位	I/O离散	34	新IO设备　M11.5
系统配置	下限位	I/O离散	35	新IO设备　M11.6
设置开发系统	右限位	I/O离散	36	新IO设备　M11.7
设置运行系统	酸洗位	I/O离散	37	新IO设备　M12.0
报警配置	水洗1位	I/O离散	38	新IO设备　M12.1
历史数据记录	镀槽位	I/O离散	39	新IO设备　M12.2
网络配置	回收位	I/O离散	40	新IO设备　M12.3
用户配置	水洗2位	I/O离散	41	新IO设备　M12.4
打印配置	下料位	I/O离散	42	新IO设备　M12.5
SQL访问管理器	手动指示	I/O离散	43	新IO设备　Q0.0
表格模板	自动指示	I/O离散	44	新IO设备　Q0.1
记录体	左右故障灯	I/O离散	45	新IO设备　Q0.2
Web	上下故障灯	I/O离散	46	新IO设备　Q0.3
发布画面	紧急停止灯	I/O离散	47	新IO设备　Q0.4
发布实时信息	自动运行灯	I/O离散	48	新IO设备　Q0.5
发布历史信息	左行输出	I/O离散	49	新IO设备　Q0.6
发布数据库信息	右行输出	I/O离散	50	新IO设备　Q0.7
	下行输出	I/O离散	51	新IO设备　Q1.0
	上行输出	I/O离散	52	新IO设备　Q1.1
	夹紧输出	I/O离散	53	新IO设备　Q1.2
	松开输出	I/O离散	54	新IO设备　Q1.3
	上下位置	I/O整型	55	新IO设备　V20
	左右位置	I/O整型	56	新IO设备　V22

图 18-16　建立实时数据库

18.4.3　电镀系统手动控制运行

组态王与 PLC 实现通信后，画面运行，选择上手动 Q0.0 输出，指示灯亮，手动给定下行命令后，下行输出 Q1.0，指示灯亮，下行中，如图 18-17 所示，直到 VW20 数值为 80 运行到下限位，手动下行输出停止。控制机械装置左行输出如图 18-18 所示。

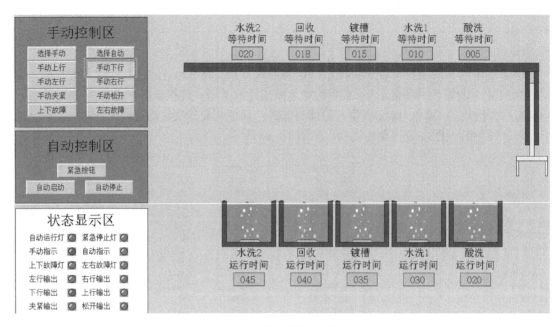

图 18-17　手动下行仿真输出

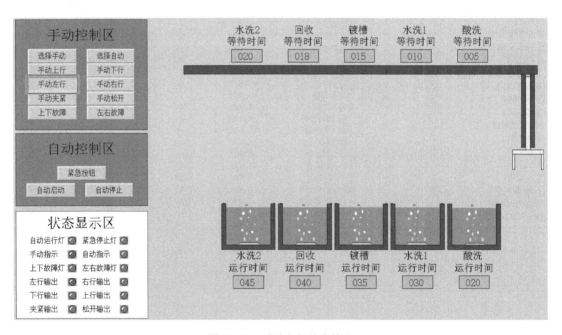

图 18-18　手动左行仿真输出

手动 Q0.0 输出，指示灯亮，手动给定左行命令，左行输出 Q0.6 输出指示灯亮，在 VW22 左右距离低于 300，则能够手动左行输出。

当电镀系统运行中，出现紧急停止命令后，紧急停止灯 Q0.4 输出，指示灯亮，模拟组态界面满足逻辑设定，如图 18-19 所示。

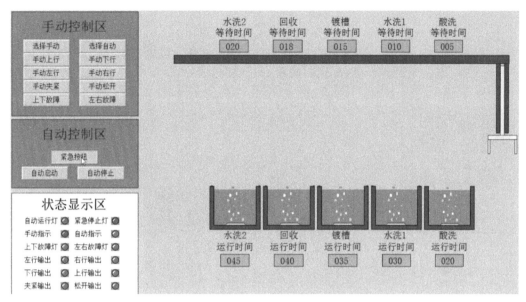

图 18-19　紧急停止仿真

18.4.4　镀槽自动运行仿真

（1）下行运行

自动启动后，自动运行灯亮，自动状态下，指示灯亮，同时控制下行输出 Q1.0 为 ON，指示灯亮，并画面中执行结构，开始下行中，如图 18-20 所示。

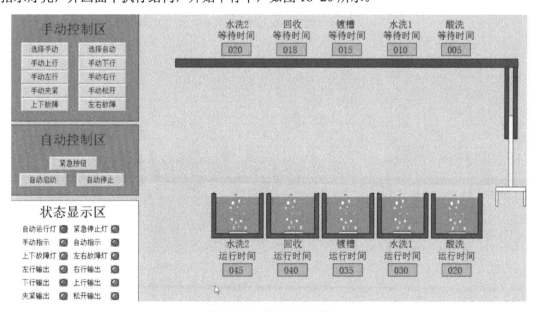

图 18-20　自动启动仿真

（2）夹紧上行

当达到下限位后，停止下行，指示灯灭，同时夹紧后，启动上行输出 Q1.1，此时上行输出指示灯亮，控制基材开始进入电镀流水线，如图 18-21 所示。

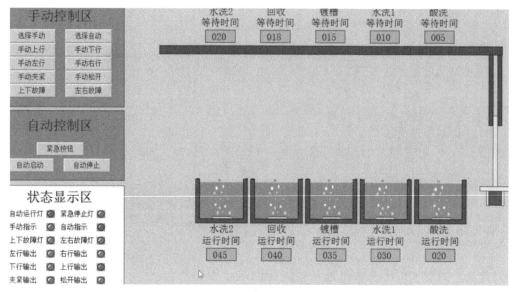

图 18-21　夹紧输出仿真

（3）机械左行

达到上限位后，左行输出 Q0.6 输出，指示灯亮，在左行中当达到 VW22 左右位置为 50 后，停止左行，如图 18-22 所示。

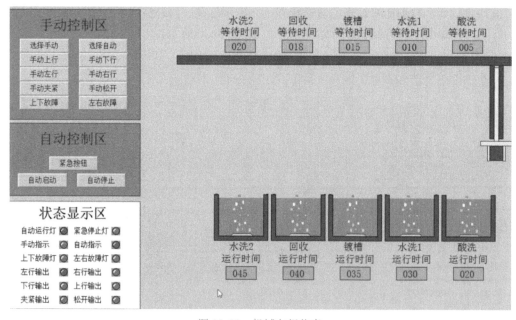

图 18-22　机械左行仿真

18.4.5　酸洗环节水洗环节

（1）酸洗环节控制

达到酸洗位置后，启动下行输出，Q1.1 输出，指示灯亮，达到下限位置后，酸洗运行时间设定为 20，延时控制酸洗充分，保障氧化膜被清除，酸洗延时中下行如图 18-23 所示。

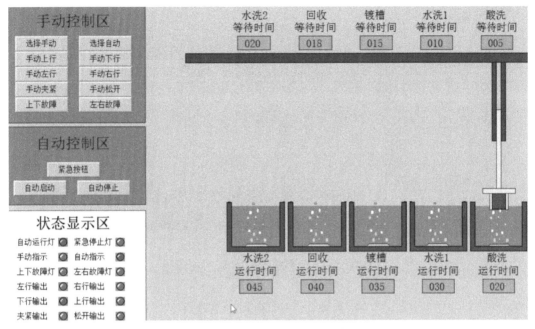

图 18-23　酸洗延时中下行仿真

下行停止，酸性延时中，当延时到后启动上行，达到上限位后等待酸洗时间延时，再启动机械左行输出，酸洗延时仿真如图 18-24 所示。

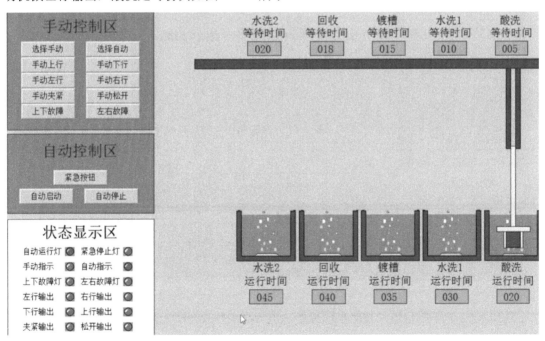

图 18-24　酸洗延时仿真

（2）水洗 1 环节控制仿真

左行到水洗 1 输出仿真如图 18-25 所示。

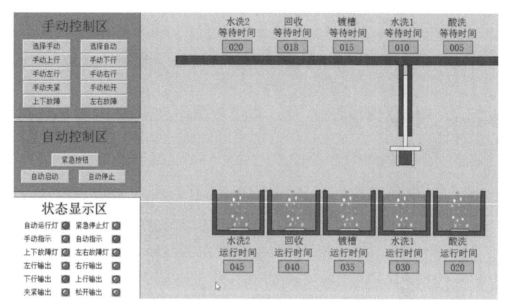

图 18-25　左行到水洗 1 仿真

自动运行中，达到水洗位置，VW22 左右距离为 100，执行下行输出，指示灯亮，达到上下位置 80 后，下行停止。延时水洗 1 仿真如图 18-26 所示。

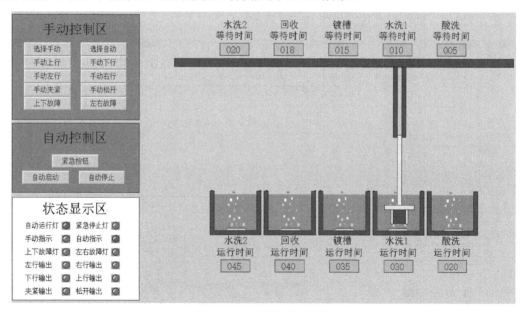

图 18-26　延时水洗 1 仿真

达到水洗 1 下限位后，开始水洗工件，第一次，并且按照运行时间 30，延时水洗，动能输出停止。

（3）镀槽自动运行仿真

镀槽定时 35，时间达到后，开始上行输出，Q1.1 指示灯亮，达到上限位后，停止运行，定时等待，15 时间达到后，即可继续完成回收环节运行，如图 18-27 所示。

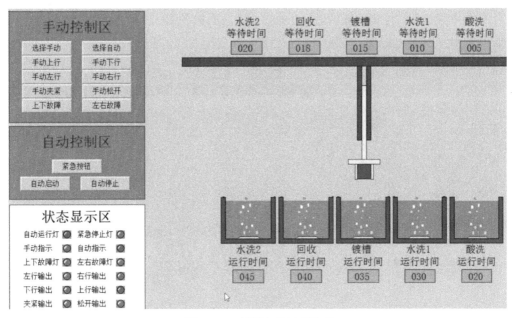

图 18-27 镀槽自动运行仿真

18.4.6 下料环节自动停止控制自动右行仿真

（1）下料环节

左右位置运行到下料位置后，下行运行到下限位，夹紧装置松开，延时 1.5s，延时结束后，松开输出停止，如图 18-28 所示。

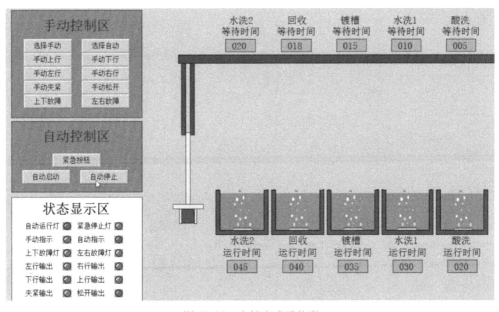

图 18-28 电镀完成后仿真

（2） 自动停止上行运行仿真

自动停止给定命令后，自动运行中指示灯灭，上行指示灯亮，画面中执行结构在上行中，上行到上限位后，停止上行输出，开始右行，仿真如图 18-29 所示。

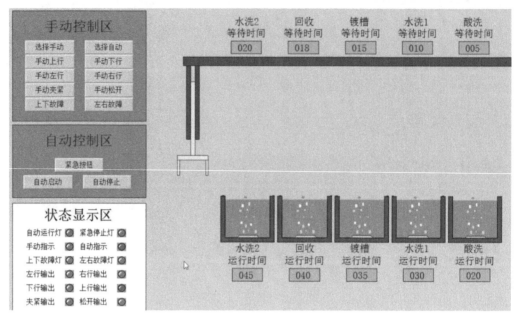

图 18-29　上行运行仿真

（3）自动右行仿真

停止后，机械装置回到原点后停止，当前在右行输出，Q0.7 输出指示灯亮，达到原点（0,0）位置后停止运行，如图 18-30 所示。

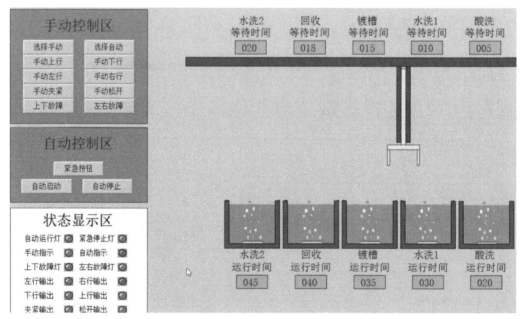

图 18-30　自动右行仿真

电镀自动控制系统为了改善电镀复杂的生产工艺的工作效率低下，控制能力低下的现状，提出可行性的控制流程，实现电镀基材的在左右、上下轴向的运输能力，并且能够灵活设定各个环节如酸洗、水洗 1、镀槽、回收、水洗 2 的运行时间与等待时间，按照技术指标完成电镀生产所需。

采用 PLC 控制电镀生产线来优化控制结构，提升控制硬件的通用性，为广泛的适用性提供软件设计与硬件设计的保障，能够降低能耗，根据检测限位，来精确地控制运行路径，自动化高效化保障电镀加工过程顺序安全运行，故障反馈以及紧急停止设计能够提升控制系统的安全方面的额性能。通过 PPI 通信方式，与组态王组态画面实现仿真模拟，运行结果证明方案的可行性和高效性。

电镀生产工艺复杂，需要优化改善的环节可以随着技术的发展逐渐增加，电镀控制系统具备扩展能力，更加全面、完善地为电镀生产流水线提供电气系统的硬件保障。

习题与思考题

1）在电镀控制顺序流程中，如果只保留一次水洗环节是否可行？为什么？

2）PLC 选型时，请尝试选择其他型号的 PLC 进行实验。

参 考 文 献

[1] 北京亚控公司. 组态王使用手册[Z]. 北京：北京亚控公司，2017.

[2] 于海生，丁军航，潘松峰，等. 微型计算机控制技术[M]. 2 版. 北京：机械工业出版社，2022.

[3] 徐宣. 组态软件在工业控制和生产过程管理中的应用[J]. 化工自动化仪表，1997.

[4] 袁秀英. 计算机监控系统的设计与调试：组态控制技术[M]. 北京：电子工业出版社，2017.

[5] 邵裕森. 过程控制及仪表[M]. 上海：上海交通大学出版社，1995.

[6] 马国华. 监控组态软件及其应用[M]. 北京：清华大学出版社，2005.

[7] 姜重然，陈文平，徐斌山. 基于现场总线分布式粮情管控系统的研究与设计[J]. 低压电器，2010,(14): 49-52.

[8] 姜重然，霍艳忠，白金泉. 工控软件组态王简明教程[M]. 哈尔滨：哈尔滨工业大学出版社，2007.

[9] 陈燕虹. 控制系统组态软件的设计与研究[J]. 测控技术，2005,(2): 53-56.

[10] 伊卫红. 工业控制组态软件的体系结构设计[J]. 计算机工程与应用，2005,41(3): 28-31.

[11] 姜重然，徐斌山，史庆军. 现场总线分布式粮情系统温湿度检测的研究与设计[J]. 低压电器，2011,(7)：49-52.

[12] 周经国，姜重然，刘德胜. 粮情管控系统智能测控终端的研究与设计：基于现场总线[J]. 农机化研究，2011,33(6)：154-158.

[13] 赵莲维，姜重然，王鸥. 现场总线分布式粮情系统温湿度测量数字滤波器的设计[J]. 农机化研究，2011,33(7)：129-132.

[14] 姜重然，李丽，白金泉，等. 粮食水分快速检测智能节点的研究与设计：基于现场总线[J]. 农机化研究，2014,36(4)：191-197.

[15] 姜重然，陈文平，李丽，等. 基于现场总线粮食干燥分布式控制系统的研究与设计[J]. 农机化研究，2014,36(5)：166-169.

[16] 姜重然，王斌，李丽. 监控组态软件组态王及应用[M]. 哈尔滨：哈尔滨工业大学出版社，2011.

[17] 姜重然，姜修宇，黄艺香，等. 管网的远程监测和控制的系统和方法以及电动阀门：中国，202310520505[P]. 2023-07-28.